高职高专"十二五"规划教材

数控机床维修技能实训

主　编　贺应和　傅子霞

副主编　陈育新　刘桂兰　田长青

参　编　刘炳良　黄泽峰

合肥工业大学出版社

内容简介

本书根据高职高专机电设备类等专业的教学要求,结合当前数控机床加工行业高素质、高技能型人才培养的需要,着重介绍数控机床故障诊断与维修的基本内容。

全书包括 FANUC Oi 数控系统维修实训和华中世纪星数控系统维修实训两个项目,每个项目都以数控系统的组成和应用为主线,分成多个大的实训任务进行编写,内容力求少而精,突出基本知识和基本技能的培养,条理清晰,便于学习。

本书可作为高职高专数控类、机电类、模具类、工业自动化类专业中数控机床故障诊断与维修实训教材,也可供有关教师作为相关课程的参考资料或培训用书,还可作为各类数控维修技术人员的参考书。

图书在版编目(CIP)数据

数控机床维修技能实训 / 贺应和,傅子霞主编 . —合肥:合肥工业大学出版社,2014.6
ISBN 978 - 7 - 5650 - 1840 - 4

Ⅰ.①数… Ⅱ.①贺…②傅… Ⅲ.①数控机床—维修—高等职业教育—教材 Ⅳ.①TG659

中国版本图书馆 CIP 数据核字(2014)第 107044 号

数控机床维修技能实训

主　编	贺应和　傅子霞		责任编辑　武理静　马成勋
出　版	合肥工业大学出版社	版　次	2014 年 6 月第 1 版
地　址	合肥市屯溪路 193 号	印　次	2014 年 8 月第 1 次印刷
邮　编	230009	开　本	787 毫米×1092 毫米　1/16
电　话	总　编　室:0551 - 62903038	印　张	14
	市场营销部:0551 - 62903198	字　数	332 千字
网　址	www.hfutpress.com.cn	印　刷	安徽江淮印务有限责任公司
E-mail	hfutpress@163.com	发　行	全国新华书店

ISBN 978 - 7 - 5650 - 1840 - 4　　　　　　　　　　定价:30.00 元

如果有影响阅读的印装质量问题,请与出版社市场营销部联系调换。

前　　言

　　随着数控机床数量的迅速增加，数控机床维修技能人才的培养成了现代制造技术发展新的需求。本书根据数控机床加工行业高素质、高技能型人才培养的需要，着重介绍数控机床故障诊断与维修实训的基本内容。

　　本书以培养学生分析问题、解决问题以及动手能力为主线，融理论教学、实践操作、项目训练为一体。在内容选择上，突出了普遍性、实用性、综合性和先进性的特点，主要围绕 FANUC Oi 和华中世纪星数控系统综合实训台，在掌握其结构原理的基础上，让学生亲自动手进行系统安装、调试，并通过故障设置与诊断，学会数控机床的故障分析与排除方法。全书共有两个项目、23 个实训任务，每个实训任务都包括了相应的学习目标、相关知识、实训内容、实训步骤、技能考核和思考与练习。通过讲练结合、项目驱动、工学结合的教学模式，使学生对数控机床的使用及故障维修有更进一步的理解和掌握。

　　本书由贺应和、傅子霞担任主编，具体参与编写工作的有贺应和（项目二和附录），陈育新（任务1-1和任务1-2），刘桂兰（任务1-3和任务1-4），田长青（任务1-5和任务1-6），傅子霞（任务1-7、任务1-8和任务1-12），刘炳良（任务1-9和任务1-10），黄泽峰（任务1-11）。全书由贺应和负责统稿和定稿。

　　本书在编写过程中参阅了有关院校、工厂、科研单位的教材、资料与文献，并得到了许多同行专家、教授的支持和帮助，在此谨致谢意。

　　由于编者水平有限，经验不足，书中难免有不少缺点或错误之处，恳请读者和各位同仁批评指正。

编　者

目　　录

数控机床维修技能实训

项目一 FANUC Oi 数控系统实训

任务 1-1 FANUC Oi 数控系统的认知

【学习目标】

(1)了解 FANUC Oi 数控系统的特点。

(2)掌握 FANUC Oi 数控系统的组成及各部件的作用。

(3)熟悉数控系统的基本操作及功能。

相关知识

一、FANUC Oi 数控系统的特点

(1)FANUC Oi 系统与 FANUC16/18/21 等系统的结构相似,采用模块化结构,其集成度较 FANUC O 系统的集成度更高。因此,Oi 控制单元的体积更小,便于安装、排布。

(2)采用全字符键盘,可用 B 类宏程序编程,使用方便。

(3)用户程序区容量大,系统可预读 12 个程序段,有利于较大程序的零件加工。

(4)使用编辑卡编写或修改梯形图,携带与操作都很方便。

(5)使用存储卡存储或输入机床参数、PMC 程序以及加工程序,操作简单、方便。

(6)系统具有 HRV(高速矢量响应)功能,伺服增益设定比 OMD 系统高一倍,理论上可使轮廓加工误差减少一半。

(7)系统提供丰富的 PMC 信号和 PMC 功能指令,PMC 程序基本指令执行周期短、容量大,使用很方便。

(8)系统有较完善的保护措施。

(9)系统具有很强的抵抗恶劣环境影响的能力。

(10)系统具有很强的 DNC 功能。

(11)系统提供丰富的维修报警和诊断功能。

二、FANUC Oi 数控系统的基本构成

FANUC Oi 系列数控系统有很多种,其中,FANUC Oi C 系统最多可控制四个进给轴和一个伺服主轴(或变频主轴),配 αi 系列的放大器和 αi/αis 系列的电动机;FANUC Oi Mate C 系统最多可控制三个进给轴和一个伺服主轴(或变频主轴),配 βi 系列的放大器和

βi/βis 系列的电动机。

FANUC Oi 数控系统的主要部件有显示器和 MDI 键盘、数控主板、伺服放大器和伺服电动机、主轴放大器及主轴电动机、数控系统 I/O Link 等。

1. 显示器和 MDI 键盘

液晶显示器和 MDI 键盘如图 1-1-1 所示。

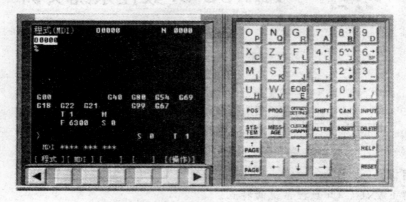

图 1-1-1　液晶显示器和 MDI 键盘

显示器目前多为液晶显示器,可配置 8.4in、10.4in 等多种规格。MDI 键盘用于加工程序的输入与编辑、工作方式或显示方式的选择、参数设置等,各按键功能如图 1-1-2 所示。

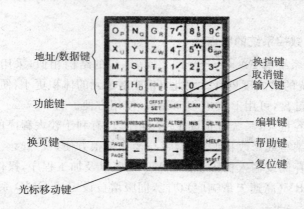

图 1-1-2　FANUC 数控系统 MDI 键盘布局及按键功能

2. 数控主板

数控系统主板上的元器件主要有:

(1)中央处理单元(CPU)。负责整个系统的运行与管理,通常由多个 CPU 作为功能模块构成多微处理器数控系统,提高数控系统的运行速度。

(2)轴控制卡。FANUC 数控系统目前主要采用全数字伺服控制,由伺服控制软件及其支撑伺服软件工作的硬件结构完成全数字伺服控制,该硬件结构及其相关电路称为轴控制卡。

(3)显示控制卡。

(4)存储器。FANUC 数控系统的存储器包括用于存放系统软件及最终用户 PMC 程序的 FROM 存储器,用于存放加工程序和数据的 SRAM 存储器以及工作存储器 DRAM。

(5)电源模块。模块包括 DC 24V 主板工作电源,DC 3V 存储器后备电池等。

(6)各种接口。接口包括电源接口、主轴接口、伺服接口、通信接口、MDI 键盘接口、软键接口、I/O 接口等。

数控系统主板的基本配置如图 1-1-3 所示,主板上元器件布局如图 1-1-4 所示。数控系统的选项配置通过扩展方式实现。

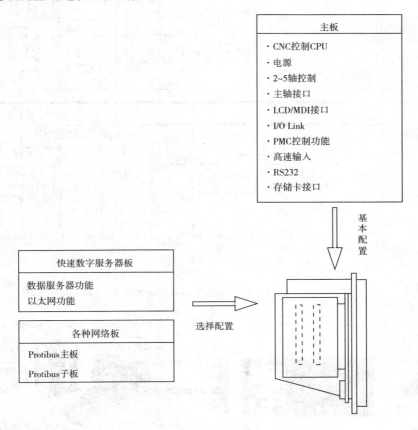

图 1-1-3 主板基本配置及选择配置

根据主板与显示器的相对安装位置不同,数控系统有紧凑式和分离式两种结构。紧凑式数控系统中主板及其元器件安装在显示器背面,数控系统与液晶显示器是一体的;而分离式数控系统中主板与显示器是分开的。

3. 伺服放大器及伺服电动机

数控机床的进给运动是由数控系统根据用户程序进行插补运算和位置控制,将运算结果通过伺服放大器放大,驱动伺服电动机运转,实现机床各坐标轴的运动。伺服放大器与数控系统之间通过光缆 FSSB 连接。根据使用伺服电动机的不同,伺服放大器有 αi 系列伺服放大器、βi 系列伺服放大器等;根据伺服放大器驱动轴的数目不同,伺服放大器有两轴驱动伺服放大器、单轴驱动伺服放大器等。系统配置如图 1-1-5 和图 1-1-6 所示。

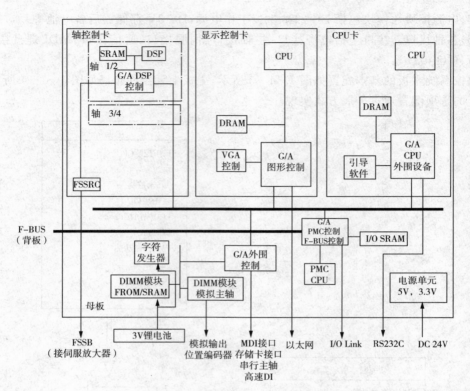

图 1-1-4 数控系统主板及其元器件布局

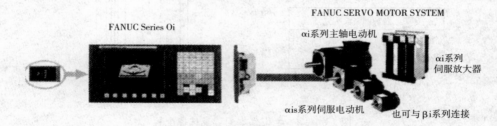

图 1-1-5 FANUC Oi C 系统配 αi 系列伺服放大器及其伺服电动机

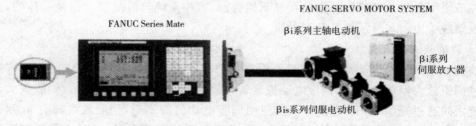

图 1-1-6 FANUC Oi Mate C 系统配 βi 系列伺服放大器及其伺服电动机

4. 主轴放大器及主轴电动机

数控机床的主运动通常采用交流电动机驱动。数控机床主运动的控制方式有两种：一种方式是数控系统将主运动指令通过串行主轴接口传递给主轴伺服驱动装置进而驱动主轴电动机；另一种方式是数控系统将主运动指令通过主轴模拟接口传递给主轴变频器,从而驱动主轴电动机。

5. 数控系统 I/O Link

数控机床的操作面板、刀具选择与更换、液压及润滑系统的启动与停止等都是通过 PMC 来控制的,数控系统与外围设备之间是通过 I/O Link 联系起来的。

6. 数控系统通信

为了便于计算机远程控制(如 DNC 数据传送)数控系统配置有通信接口,如 RS232 接口、以太网接口等。

三、FANUC Oi 数控系统的操作及功能

(1)图形显示功能。在 CNC 显示器上可显示加工程序的刀具路径图形,这样可以在加工前预先模拟刀具轨迹,如图 1-1-7 所示。

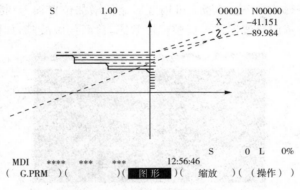

图 1-1-7　图形显示功能

(2)报警履历和操作履历。报警和运行状态被自动地记录在 CNC 存储器中,大大方便了故障诊断,如图 1-1-8 所示。

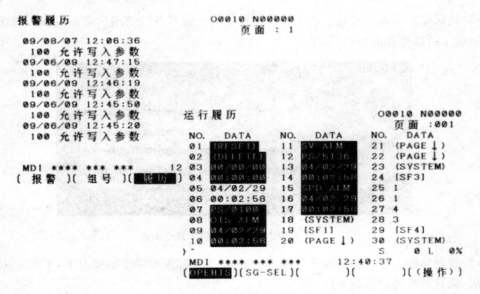

图 1-1-8　报警履历和操作履历

（3）存储卡存储和数据恢复。通过安装在液晶单元前面的存储卡,可以一次性地存储或恢复 NC 程序、偏置数据等 CNC 内部数据,如图 1-1-9 所示。

图 1-1-9　存储卡操作

（4）伺服波形显示。CNC 显示器上可用波形显示诸如位置误差、指令脉冲、扭矩指令等各种伺服数据。这样不用示波器即可调整伺服状态,诊断伺服故障,如图 1-1-10 所示。

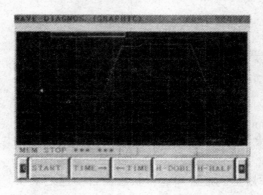

图 1-1-10　伺服波形显示

（5）机床操作面板个性化。机床操作面板上的按键可以按照用户需要定制。因此,可以制作适合于机床操作的面板,如图 1-1-11 所示。

图 1-1-11　个性化的机床操作面板

（6）帮助功能。帮助功能可协助操作者在对系统操作不熟悉的情况下,了解 CNC 的操作方法、报警和故障的处理方法,如图 1-1-12 所示。

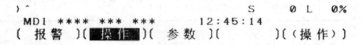

```
帮助（操作方法）                    O0010 N00000

    1.  程序编辑
    2.  检索
    3.  复位
    4.  MDI 输入
    5.  纸带输入
    6.  输出
    7.  用 FANUC CASSETTE  输入
    8.  用 FANUC CASSETTE  输出
    9.  清除存储器


)  ^                                    S    0 L   0%
   MDI **** *** ***        12:45:14
 （ 报警 ）（ 操作 ）（ 参数 ）（     ）（（操作））
```

图 1-1-12　帮助功能显示界面

技能实训

一、实训器材

(1)FANUC Oi 数控系统机床综合实训台。

(2)配置 FANUC 数控系统的数控机床。

二、实训内容

(1)认识 FANUC 数控系统的基本配置。

(2)收集、查阅、整理 FANUC 数控系统的相关资料。

三、实训步骤

1. 认识 FANUC 数控系统的基本配置

仔细查看 FANUC Oi 数控系统机床综合实训台的结构,绘制 FANUC 数控系统的基本构成简图,在图中标明各模块的名称和型号规格,并填写表 1-1-1。

表 1-1-1　数控系统的配置

所用元器件名称		规　格	功　能
系统模块			
I/O 模块			
电器模块			

（续表）

所用元器件名称	规　格	功　能
主轴模块		
进给模块		

2. 收集、查阅、整理 FANUC 系统的相关资料

根据学校实训车间现有的配置 FANUC 数控系统的数控机床,通过现场收集资料、查阅产品说明书,按照实训表 1-1-2 要求整理出数控系统配置清单。

表 1-1-2　数控系统配置清单

序　号	功能要求	数控系统配置	附注
1	可控制路径		
2	最大控制轴数		
3	联动轴数		
4	可控制主轴数		
5	实际控制主轴数		
6	所连接伺服电动机的型号规格		
7	显示单元规格		
8	数控系统脉冲当量		
9	PMC 程序存储器容量		
10	PMC I/O 点数		
11	PMC 配置 I/O 模块数量		

四、技能考核

技能考核评价标准与评分细则见表 1-1-3。

表 1-1-3　FANUC Oi 数控系统的认知实训评价标准与评分细则

评价内容	配分	考核点	评分细则	得分
实训准备	10	清点实训器材、工具,并摆放整齐	少一项实训器材扣 3 分,工具摆放不整齐扣 5 分	

（续表）

评价 内容	配分	考核点	评分细则	得分
操作规范	10	（1）行为文明，有良好的职业操守。 （2）实训完后清理、清扫工作现场	（1）迟到、做其他事酌情扣 10 分以内。 （2）未清理、清扫工作现场扣 5 分	
实训内容	80	（1）系统基本配置的认识。 （2）相关资料的收集、查阅、整理	（1）基本配置认识错误，每处扣 20 分。 （2）资料收集、查阅错误，每处扣 20 分	
工时		120 分钟		

※※

思　考　题

（1）FANUC Oi 数控系统有什么特点？

（2）数控系统由哪几部分组成？各有什么作用？

（3）填写实训过程中的表 1-1-1 和表 1-1-2。

※※

任务 1-2 数控系统硬件的基本连接

【学习目标】

(1) 熟悉 FANUC Oi 数控系统的典型部件控制对象及接口定义。

(1) 掌握 FANUC Oi 数控系统的硬件连接。

相关知识

一、FANUC Oi 系统的模块结构

FANUC Oi 数控系统的典型模块结构如图 1-2-1 所示。

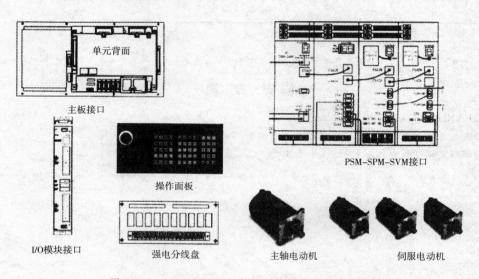

单元背面

主板接口

操作面板

I/O模块接口

强电分线盘

主轴电动机

伺服电动机

PSM-SPM-SVM接口

图 1-2-1 FANUC Oi 数控系统模块结构示意图

二、FANUC Oi 系统间的部件连接

(1) FANUC Oi C/Oi mate C 整个系统的部件连接如图 1-2-2 所示。

(2) FANUC Oi C/Oi mate C 控制单元接口如图 1-2-3 所示。连接时注意以下几点：

① FSSB 光缆一般接左边插口。

② 风扇、电池、软键、MDI 等一般都已经连接好，不要改动。

③ 伺服检测［CA69］不需要连接。

④ 电源线可能有两个插头，一个为＋24V 输入（左），另一个为＋24V 输出（右）。具体接线为：1、2、3 分别接 24V、0V、地线。

⑤ RS232 接口是和电脑接口的连接线，一般接左边（如果不和电脑连接，可不接此线）。

⑥ 对于串行主轴/编码器的连接，如果使用 FANUC 的主轴放大器，这个接口是连接放大器的指令线；如果主轴使用的是变频器（指令线由 JA40 模拟主轴接口连接），则这里连接主轴位置编码器（车床一般都要接编码器，如果是 FANUC 的主轴放大器，则编码器连接到

主轴放大器的 JYA3）。

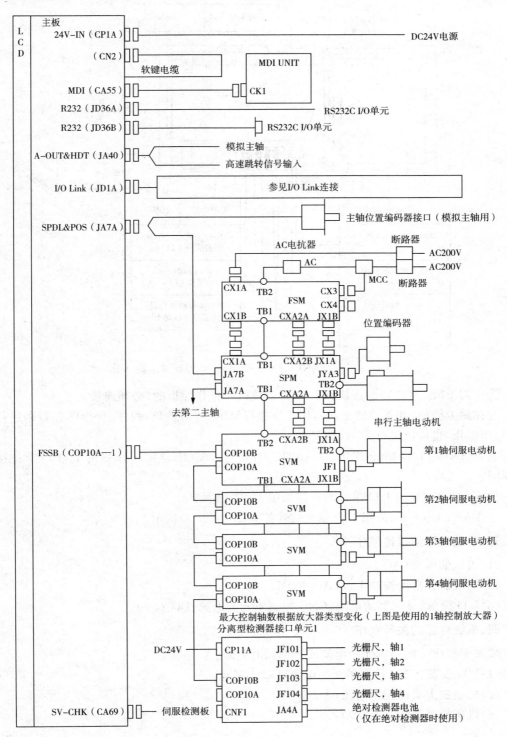

图 1-2-2　FANUC Oi C/Oi mate C 系统总连图

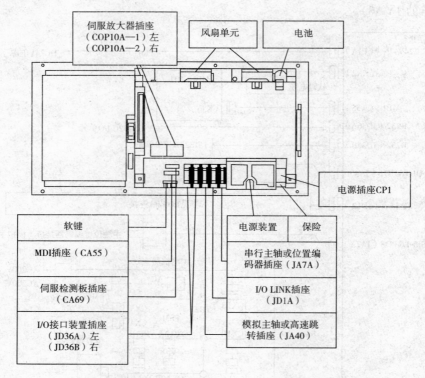

图 1-2-3　FANUC Oi C/Oi mate C 控制单元接口图

⑦ I/O Link(JD1A)是连接到 I/O 模块或机床操作面板的,必须连接。

⑧存储卡插槽(在系统的正面),用于连接存储卡,可对参数、程序、梯形图等数据进行输入/输出操作,也可以进行 DNC 加工。

(3)FANUC I/O Link 连接。FANUC Oi C 和 FANUC Oi mate C 的 I/O Link 连接有所不同。

① FANUC Oi 用 I/O 单元的连接如图 1-2-4 所示。

② FANUC Oi mate 用 I/O 单元的连接如图 1-2-5 所示。

三、系统电源的接通顺序

(1)机床的电源(AC 200V)。

(2)伺服放大器的控制电源(AC 200V)。

(3)I/O 设备、显示器的电源、CNC 控制单元的电源(DC 24V)。

四、系统电源的关断顺序

按如下顺序关断各单元的电源或全部同时关断。

(1)I/O 设备、CNC 控制单元的电源(DC 24V)。

(2)伺服放大器的控制电源(AC 200V)。

(3)机床的电源(AC 200V)。

技能实训

一、实训器材

(1)FANUC Oi 系统数控机床综合实训台。

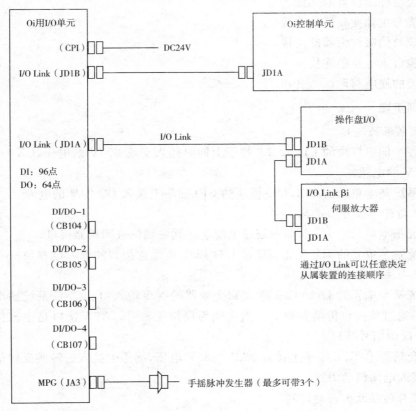

图 1-2-4　FANUC Oi 用 I/O 单元连线图

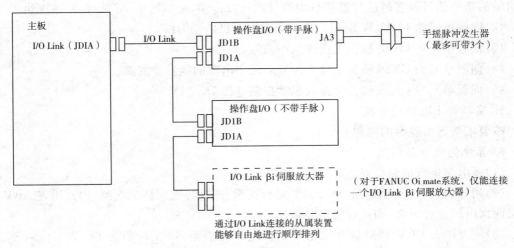

图 1-2-5　FANUC Oi mate 用 I/O 单元连线图

(2)专用电缆连接线。

(3)万用表。

二、实训内容

(1)系统电源的连接。

(2)系统与外围设备的连接。

(3)系统与主轴变频器的连接。

(4)系统与伺服放大器的连接。

(5)实验台上电路的连接。

(6)系统的通电与调试。

三、实训步骤

1. 系统电源的连接

(1)在各个伺服模块的 L1、L2、L3 端子上同时接入交流 200V 的电压,CXA19A 插头上接入 DC 24V 的电压。

(2)在系统基本单元的 CPI,I/O 模块的 CPI 插头上接入 DC 24V 的电源。

2. 系统与外围设备的连接

(1)系统基本单元的 JF7A 插头通过电缆连接到主轴位置编码器接口。

(2)系统基本单元的 JD1A 插头通过 I/O Link 电缆连接到外置 I/O 模块。

3. 系统与主轴变频器的连接

(1)系统基本单元的 JA40 插头连接到变频器的指令输入口。CNC 系统输出的速度信号(0～10V)通过该接口传给变频器。当主轴为模拟主轴时,JA7A 接口是主轴位置编码器的主轴位置反馈信号接口。

(2)在变频器 R、S、T 端子上接入 220V/380V 电压,端子上接入正转或反转信号,U、V、W 端子上接入电动机动力线。

4. 系统与伺服放大器的连接

(1)系统基本单元的 COP10A 插头通过光缆连接到伺服单元的 COP10B。数控系统对进给轴的指令信号及各轴的反馈信号均通过该接口传递,接线简单、可靠、传输速度快。

(2)伺服单元的 U、V、W 端子上接入伺服电动机的动力线。

(3)伺服单元的 CX30 插头上接入急停信号。

(4)伺服单元的 CX29 插头上接入控制驱动主电源的接触器线圈。

(5)伺服单元的 CX19 插头上接入驱动控制电源 DC 24V。

5. 实验台上电路的连接

按要求接通实验台的电源。

6. 系统的通电与调试

(1)通电前进行电路检查。

(2)用万用表 ACV 挡测量 AC 200V 是否正常:断开各变压器二次侧,用万用表 ACV 挡测量两次电压是否正常,如正常将电路恢复。

(3)用万用表 DCV 挡测量开关电源输出电压是否正常(正常值为 DC 24V):断开 DC 24V 输出端,给开关电源供电,用万用表 DCV 挡测量其电压,如正常即可进行下一步。

(4)断开电源,用万用表电阻挡测量各电源输出端对地是否短路。

(5)按图样要求将电路恢复。

(6)将调试过程中存在的问题及解决的办法记录在表1-2-1中。

表1-2-1 调试中出现的问题及解决的办法

序 号	调试中出现的问题	解 决 办 法

四、技能考核

技能考核评价标准与评分细则见表1-2-2。

表1-2-2 FANUC Oi 数控系统硬件的基本连接实训评价标准与评分细则

评价内容	配分	考核点	评分细则	得分
实训准备	10	清点实训器材、工具,并摆放整齐	少一项实训器材扣3分,工具摆放不整齐扣5分	
操作规范	10	(1)行为文明,有良好的职业操守。 (2)实训完后清理、清扫工作现场	(1)迟到、做其他事酌情扣10分以内。 (2)未清理、清扫工作现场扣5分	
实训内容	80	(1)连线正确。 (2)通电、断电步骤正确。 (3)能正确处理调试过程中的问题	(1)连线每错一处扣20分。 (2)通电、断电时步骤不对,扣20分。 (3)不能处理调试中出现的问题扣20分	
工时		120分钟		

※※

思 考 题

(1)伺服驱动器有哪些信号与数控系统相连?分别起什么作用?

(2)FANUC Oi 用 I/O 单元和 FANUC Oi mate 用 I/O 单元在硬件连接上有什么区别?

(3)填写实训过程中的表1-2-1。

※※

任务 1-3 数控系统参数的设置与调整

【学习目标】

(1)学会监控与查看数控系统的参数状态。

(1)掌握数控系统的参数设定方法与途径。

(2)会进行数控系统写保护开与关的操作。

相关知识

一、参数的分类

按参数的表达形式,FANUC Oi 数控系统参数分为位型、字型、字节型等,见表 1-3-1。

表 1-3-1 FANUC Oi 数控系统参数的数据类型

数据类型	有效数据范围	备 注
位型	0 或 1	
位轴型		
字节型	−128～127	在一些参数中不使用符号
字轴节型	0～255	
字型	−32768～32767	在一些参数中不使用符号
字轴型	0～65535	
双字型	−99999999～99999999	
双字轴型		

二、典型参数的表达方式

1. 位型参数

位型参数格式如图 1-3-1 所示,是用 8 位的二进制数表示参数的位为 0 或为 1 的状态,第 1 位与位 0 对应,第 8 位与位 7 对应。

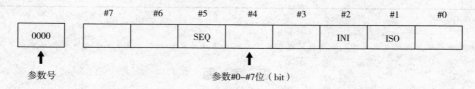

图 1-3-1 位参数的表达方式

在表达某参数第几位的时候可写为:"××××♯×"或"××××bit×",如 0000♯5 或 0000 bit5 均表示 0000 参数的位 5。

2. 其他参数

除位型参数外,其他参数的表达方式如图 1-3-2 所示。其中,参数值表示输入具体数值,如 CNC 控制轴数为 3 轴,则 1010 的参数值为 3。

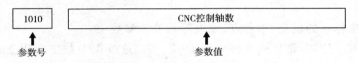

图 1-3-2 其他参数的表达方式

三、参数的含义

1. FANUC Oi 常见的系统参数

(1)与各轴的控制和设定单位相关的参数

参数号:1001~1023,常用的几种见表 1-3-2。这一类参数主要用于设定各轴的移动单位、各轴的控制方式、伺服轴的设定、各轴的运动方式等。

表 1-3-2 与各轴的控制和设定单位相关的常见参数

参数号	参数说明
1001♯0	直线轴最小移动单位
1002♯1	返回参考点的方式
1005♯1	返回参考点的方式
1006♯5	返回参考点的方向
1010	CNC 控制轴数
1020	各轴的编程名称
1022	基本坐标系中各轴的顺序
1023	各轴的伺服轴号

参数 1020:车床一般设置为 88、90,铣床与加工中心为 88、89、90,见表 1-3-3。

表 1-3-3 各轴的编程名称

轴名称	X	Y	Z	A	B	C	U	V	W
设定值	88	89	90	65	66	67	85	86	87

参数 1022:一般设置为 1、2、3,见表 1-3-4。

表 1-3-4 基本坐标轴中各轴的顺序

设定值	含义	设定值	含义
0	旋转轴	5	X 轴的平行轴
1	基本 3 轴的 X 轴	6	Y 轴的平行轴
2	基本 3 轴的 Y 轴	7	Z 轴的平行轴
3	基本 3 轴的 Z 轴		

数控机床维修技能实训

参数 1023：也可以称为轴的连接顺序，一般设置为 1、2、3，设定各控制轴为对应的伺服轴号。

（2）与机床坐标系的设定、参考点、原点等相关的参数

参数号：1201～1280，常见的几种见表 1-3-5。这一类参数主要用于设定机床的坐标系、原点的偏移、工件坐标系的扩展等。

表 1-3-5　与机床坐标系的设定、参考点、原点等相关的常见参数

参数号	参数说明
1201#2	手动回零后清除局部坐标系
1220	外部工件原点偏量值
1221～1226	工件坐标系 1～6(G54～G59)的工件原点偏量值
1240～1243	在机械坐标系上的各轴第 1～4 参考点的坐标值

（3）与存储式行程检测相关的参数

参数号：1300～1327，常见的几种见表 1-3-6。这一类参数的设定主要是用于各轴保护区域的设定等。

表 1-3-6　与存储式行程检测相关的常见参数

参数号	参数说明
1300#0	第二行程限位的禁止区（内/外）
1320	各轴存储式行程检测 1 的正方向边界的坐标值
1321	各轴存储式行程检测 1 的负方向边界的坐标值
1322	各轴存储式行程检测 2 的正方向边界的坐标值
1323	各轴存储式行程检测 2 的负方向边界的坐标值
1324	各轴存储式行程检测 3 的正方向边界的坐标值
1325	各轴存储式行程检测 3 的负方向边界的坐标值

（4）与机床各轴进给、快速移动速度、手动速度等相关的参数

参数号：1401～1465，常见的几种见表 1-3-7。这一类参数涉及机床各轴在各种移动方式、模式下的移动速度的设定，包括快移极限速度、进给极限速度、手动移动速度的设定等。

表 1-3-7　与设定机床各轴进给、快速移动速度、手动速度等相关的常见参数

参数号	参数说明
1420	各轴快速运行速度
1424	各轴手动快速进给速度
1425	各轴返回参考点的 FL 速度

· 18 ·

(5)与加减速控制相关的参数

参数号：1601~1785,常见的几种见表 1-3-8。这一类参数用于设定各种插补方式下启动和停止时的加减速的方式以及在程序路径发生变化时(如出现转角、过渡等)进给速度的变化。

表 1-3-8 与加减速控制相关的常见参数

参数号	参数说明
1620	各轴快速进给的直线型加减速时间常数
1622	各轴切削进给加减速时间常数

(6)与程序编制相关的参数

参数号：3401~3460,常见的几种见表 1-3-9。用于设置编程时的数据格式,设置使用的 G 指令格式、设置系统默认的有效指令模态等。

表 1-3-9 与程序编制相关的常见参数

参数号	参数说明
3401♯0	小数点的含义
3401♯4	MDI 方式 G90/G91 的切换
3401♯5	MDI 方式用该参数切换 G90/G91

(7)与螺距误差补偿相关的参数

参数号：3620~3627,常见的几种见表 1-3-10。数控机床具有对螺距误差进行电气补偿的功能,在使用这样的功能时,系统要求对补偿的方式、补偿的点数、补偿的起始位置、补偿的间隔等参数进行设置。

表 1-3-10 与螺距误差补偿相关的常见参数

参数号	参数说明
3620	参考点的补偿点号
3621	负方向最远端的补偿点号
3622	正方向最远端的补偿点号
3623	补偿倍率
3624	补偿点的间隔

2. 参数的格式

下面介绍几种参数的格式,其他参数查看 FANUC Oi 参数使用说明书。

(1)参数 8130：总控制轴数,设定了此参数时,要切断一次电源。

(2)参数 8131：设定了此参数时,要切断一次电源,其格式为

#7	#6	#5	#4	#3	#2	#1	#0
					AOV	EDC	FID	HPG

HPG:手轮进给是否使用。0——不使用;1——使用。

FID:F1 位的进给是否使用。0——不使用;1——使用。

EDC:外部加减速是否使用。0——不使用;1——使用。

AOV:自动拐角倍率是否使用。0——不使用;1——使用。

(3)参数 8132:设定了此参数时,要切断一次电源,其格式为

#7	#6	#5	#4	#3	#2	#1	#0
			SCL	SPK	IXC	BCD		TLF

TLF:是否使用刀长寿命管理。0——不使用;1——使用。

BCD:是否使用第 2 辅助功能。0——不使用;1——使用。

IXC:是否使用分度工作台分度。0——不使用;1——使用。

SPK:是否使用小直径深孔钻削循环。0——不使用;1——使用。

SCL:是否使用缩放。0——不使用;1——使用。

(4)参数 8133:设定了此参数时,要切断一次电源,其格式为

#7	#6	#5	#4	#3	#2	#1	#0
				SYC		SCS		SSC

SSC:是否使用恒定表面切削速度控制。0——不使用;1——使用。

SCS:是否使用 Cs 轮廓控制。0——不使用;1——使用。

SYC:是否使用主轴同步控制。0——不使用;1——使用。

(5)参数 8134:设定了此参数时,要切断一次电源,其格式为

#7	#6	#5	#4	#3	#2	#1	#0
							IAP

IAP:是否使用图形对话编程功能。0——不使用;1——使用。

技能实训

一、实训器材

FANUC Oi 系统数控机床综合实训台。

二、实训内容

(1)显示参数。

(2)用 MDI 设定参数。

(3)基本功能参数的设置。

三、实训步骤

1. 显示参数

(1)按 MDI 面板上的功能键 SYSTEM 一次后,出现参数画面,如图 1-3-3 所示。

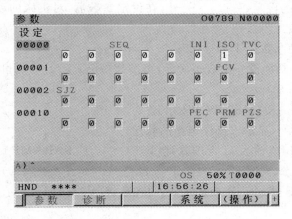

图 1-3-3 显示参数画面

(2)参数画面由多面组成,可通过以下两种方法需要显示的参数。

① 按翻面键或光标移动键,显示需要的页面。

② 从键盘输入想显示的参数号,然后按软键[NO.SRH]。这样可显示包括指定参数的页面,光标同时在指定参数的位置(数据部分变成反转文字显示),如图 1-3-4 所示。

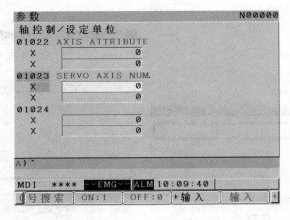

图 1-3-4 指定参数页面

(3)查询参数号,填入表 1-3-11。

表 1-3-11 查询参数

参数号	参数值	含　义	备　注

数控机床维修技能实训

2. 用 MDI 设定参数

(1)将 NC 置于 MDI 方式或急停状态,确认 CNC 画面下的运转方式显示为"MDI"或画面中央下方"EMG"在闪烁。注意:调试时,可能会频繁修改伺服参数等。为安全起见,应在急停状态下进行参数的设定(修改)。另外,在设定参数后,对机床的动作进行确认时,应有所准备,以便能迅速按急停按钮。

(2)用以下步骤使参数处于可写状态。

① 按 SETTING 功能键一次或多次后,再按软键[SETTING],可显示 SETTING 画面的第一页,如图 1-3-5 所示。

② 将光标移至"PARAMETER WRITE"处。

③ 按软键[OPRT],显示出操作选择的软键。

④ 按软键[ON:1]或输入 1,再按软键[INPUT],使"PARAMETER WRITE"=1。这样参数成为可写入状态,同时 CNC 发生 P/S 报警 100(允许参数写入)。

(3)按功能键 SYSTEM 一次或多次后,再按软键[PARAM],显示参数画面,如图 1-3-6 所示。

(4)显示包含需要设定的参数的画面,将光标置于需要设定的参数的位置上。

(5)输入数据,然后按软键[INPUT],输入的数据将被设定到光标指定的参数中。

(6)若需要则重复步骤(4)和(5)。

(7)参数设定完毕,需将参数设定画面的"PARAMETER WRITE"设定为 0,禁止参数设定。

(8)复位 CNC,解除 P/S 报警 100。但在设定参数时,有时会出现 P/S 报警 000(需切断电源),此时请关掉电源再开机。

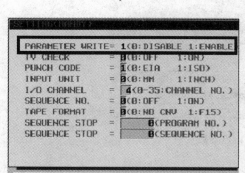

图 1-3-5 设定 SETTING 画面

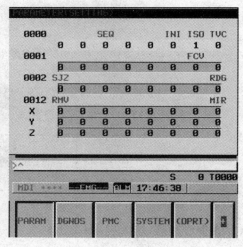

图 1-3-6 选择参数画面

3. 基本功能参数的设置

(1)按显示参数的操作步骤显示参数 8130,用 MDI 设定参数的方法将参数 8130 设定为 2(车床)或设定为 3(铣床)。

(2)按显示参数的操作步骤显示参数 8131,用 MDI 设定参数的方法将参数 8131 设定为 0(用手轮)、设定为 1(不用手轮)。

· 22 ·

(3)按显示参数的操作步骤显示参数 8133,用 MDI 设定参数的方法将参数 8133 设定为 0(不使用恒定表面切削速度)、设定为 1(使用恒定表面切削速度)。

(4)按显示参数的操作步骤显示参数 8134,用 MDI 设定参数的方法将参数 8134 设定为 0(不使用图形对话编程功能)、设定为 1(使用图形对话编程功能)。

(5)将设置的参数填入表 1 – 3 – 12 中。

表 1 – 3 – 12 设置参数

参数号	参数值	含 义	备 注

四、技能考核

技能考核评价标准与评分细则见表 1 – 3 – 13。

表 1 – 3 – 13 FANUC Oi 数控系统参数的设置与调整实训评价标准与评分细则

评价内容	配分	考 核 点	评分细则	得分
实训准备	10	清点实训器材	实训器材不齐扣 5~10 分	
操作规范	10	(1)行为文明,有良好的职业操守。 (2)实训完后清理、清扫工作现场	(1)迟到、做其他事酌情扣 10 分以内。 (2)未清理、清扫工作现场扣 5 分	
实训内容	80	(1)参数的显示操作正确。 (2)基本功能参数的设置正确	(1)操作步骤不正确扣 20 分。 (2)每错一种参数的设置扣 20 分	
工时		120 分钟		

※※※

思 考 题

(1)请说明系统报警 P/S000 和 P/S001 的含义?

(2)如果机床在切削时使用恒定表面切削速度控制不起作用,应该首先检查哪个参数?

※※※

任务 1-4 数控系统数据的传输与保护

【学习目标】

(1)掌握 FANUC Oi 系统数据的传输方法。

(2)掌握存储卡的使用及操作。

(3)能使用外接 PC 进行数据的备份与恢复。

(4)能使用存储卡在引导系统画面进行数据备份和恢复。

(5)能进行数控系统上电全清操作。

相关知识

一、RS232 口介绍

1. 有关 RS232 口参数的含义

(1)PRM0000。其格式为

#7	#6	#5	#4	#3	#2	#1	#0
						ISO	

ISO:0——用 EIA 代码输出;1——用 ISO 代码输出。

(2)PRM0020。其用于选择 I/O 通道:0——通道 1;1——通道 1;2——通道 2。

(3)PRM0101。其格式为

#7	#6	#5	#4	#3	#2	#1	#0
NFD				ASI			SB2

NFD:0——输出数据时,输出同步孔;1——输出数据时,不输出同步孔。

ASI:0——输入时,用 EIA 或 ISO 代码;1——用 ASCII 代码。

SB2:0——停止位是 1 位;1——停止位是 2 位。

(4)PRM0102:输入/输出设备的规格号。

0——RS232C(使用代码 DC1~DC4)。

1——FANUC 磁泡盒。

2——FANUC Floppy cassette adapter F1。

3——PROGRAM FILE Mate,FANUC FA card adapter,FANUC Floppy cassette Adapter,FANUC Handy file,FANUC SYSTEM P - MODEL H。

4——RS232C(不使用代码 DC1~DC4)。

5——手提式纸带阅读机。

6——FANUC PPR,FANUC SYSTEM P - MODEL G,FANUC SYSTEM P - MODEL H。

（5）PRM0103：波特率（设定传送速度）。其中，数值1～12对应的波特率的值如下：

1：50   5：200   9：2400

2：100   6：300   10：4800

3：110   7：600   11：9600

4：150   8：1200   12：19200

2. RS232 串行通讯电缆的连接

严禁在通电状态下插拔通讯电缆，防止烧口。

二、CNC 数据的类型

根据 CNC 数据类型的不同，其保存位置不同，见表1-4-1。

表 1-4-1 CNC 数据的类型

数据类型	保存位置	数据来源	备 注
CNC 参数	SRAM	机床厂家提供	必须保存
PMC 参数	SRAM	机床厂家提供	必须保存
梯形图程序	FROM	机床厂家提供	必须保存
螺距误差补偿	SRAM	机床厂家提供	必须保存
加工程序	SRAM	最终用户提供	根据需要保存
宏程序	SRAM	机床厂家提供	必须保存
宏编译程序	FROM	机床厂家提供	如果有保存
C 执行程序	FROM	机床厂家提供	如果有保存
系统文件	FROM	FANUC 提供	不需要保存

三、数据的备份和恢复

FANUC Oi 数控系统中的加工程序、参数、螺距误差补偿、宏程序、PMC 程序、PMC 数据，在机床不使用时是依靠控制单元上的电池进行供电保存的。针对数控机床在使用过程中可能发生的服务和维护，数据的备份是必要的。当发生电池失效或其他意外导致这些数据的丢失时，维修人员可以利用备份的数据进行快速恢复，及时应对用户现场出现的硬件和软件故障，保证机床的正常运行。

FANUC Oi 数控系统数据备份的方法有两种常见的方法：

（1）使用存储卡在引导系统画面进行数据备份和恢复

在引导系统画面中可以将数据从数控系统备份到存储卡或从存储卡恢复到数控系统去。数控系统的启动和计算机的启动一样，会有一个引导过程。在通常情况下，使用者是不会看到这个引导系统，但是使用存储卡进行备份时，必须要在引导系统画面进行操作。

在使用这个方法进行数据备份时，首先必须要准备一张符合 FANUC 系统要求的存储卡（工作电压为3.3V）。用于 CNC 单元作为数据交换媒介的 FANUC 指定用的存储卡，其标准如下：JEIDA "IC Memory Card Guideline Ver. 4.0"；PCMCIA "PC Card Standard

· 25 ·

R.2.0"。存储卡的推荐型号见表1-4-2。

表1-4-2 存储卡型号及应用

	Fujitsu Ltd	Fuji Electro chemical Co. , Ltd
256kB	MB98A80813-20-G-S	SC-9027-22H14
512kB	MB98A80913-20-G-S	SC-9027-42H14
1MB	MB98A801013-20-G-S	SC-9027-82H14

(2)通过RS232接口使用PC进行数据备份和恢复

使用外接PC进行数据备份与恢复,是一种非常普遍的做法。另外,ALL IO画面能在一个界面中备份和恢复程序、参数、补偿量和宏程序变量。在使用外接PC进行程序、参数、补偿量和宏参数的备份与恢复时,都要打开ALL IO界面。打开ALL IO界面的过程如下:首先在MDI面板上按[SYSTEM]软键,然后按几次最右侧软键"▷",直到出现[ALL IO]软键,最后按[ALL IO]软键显示ALL IO画面,如图1-4-1所示。

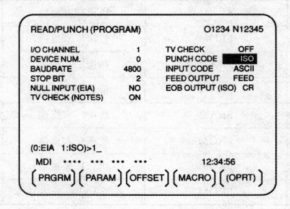

图1-4-1 ALL IO画面

要实现数控系统与PC机之间的顺利通信,双方的通信协议必须要设置一致。数控系统通信协议的设定在ALL IO画面上完成,如选择的通道口、波特率、停止位、奇偶校验等。

PC机侧传输软件超级终端的设定,依照下列路径可以打开超级终端程序:WINDOWS的开始菜单→程序→附件→通信→超级终端。选择端口,并对此端口的属性进行设置,即通信协议。

四、数控系统的上电全清

当数控系统第一次上电时,最好要进行上电全清的操作。

1. 上电全清

(1)同时按住MDI键盘上的软键[RESET]和软键[DFLETE]不松手。

(2)此时,系统接通电源,直到存储器全部清除界面出现为止。

(3)用MDI键盘上的数字键输入"1",表示全部清除被执行。

2. 上电全清出现的报警

数控系统进行上电全清操作后,会出现系列报警,各报警号及其含义见表1-4-3。上电全清后对系统参数进行重新设定,并加载PMC梯形图,可消除上述报警,重新启动系统可正常工作。

表 1－4－3　上电全清时出现报警及其含义

序号	报警号	报警号含义	备 注
1	100	参数可写入或参数写保护打开	
2	506/507	硬超程报警,数控系统中没有处理硬超程信号	设定参数 3004 # 5 可消除报警
3	417	伺服参数设定不正确	
4	5136	FSSB 放大器数目少	参数 1023 设定为"－1",可消除报警

技能实训

一、实训器材

(1)FANUC Oi 系统数控机床综合实训台。

(2)PC 机。

(3)存储卡。

(4)RS232 串行通讯电缆。

二、实训内容

(1)使用外接 PC 进行数据的备份与恢复。

(2)系统与存储卡进行数据传输。

(3)使用存储卡在引导系统画面进行数据备份和恢复。

三、实训步骤

1. 使用外接 PC 进行数据的备份与恢复

(1)准备外接 PC 和 RS232 的传输电缆,并连接 PC 与数控系统。

(2)输入/输出用参数的设定。按前述任务 1－2 中的方法设定如下参数:

① PRM0000 设定为 00000010;

② PRM0020 设定为 0;

③ PRM0101 设定为 00000001;

④ PRM0102 设定为 0(用 RS232 传输);

⑤ PRM0103 设定为 10(传送速度为 4800 波特率)或设定为 11(传送速度为 9600 波特率)。

(3)零件程序的备份。

① 选择 EDIT(编辑)方式。

② 按 PROG 键,再按[程序]软键,显示程序内容。

③ 先按[操作]软键,再按扩展键。

④ 用 MDI 输入要输出的程序号。要全部程序输出时,按键输入"0－9999"。

⑤ 在 PC 机上打开传输软件超级终端,选定程序备份到 PC 机的存储路径和文件名,进入接收数据状态。

⑥ 按下[PUNCH]软键,然后再按[EXEC]软键,这时开始输出程序到计算机中。同时,在系统屏幕界面右下方闪烁"OUTPUT",而在超级终端会动态显示程序的传送情况,直到程序输出停止,"OUTPUT"的显示消失。传送过程中,按[RESET]软键可停止程序的输出,按[CAN]软键可取消输出。

(4)零件程序的恢复。

① 选择 EDIT 方式。

② 将程序保护开关置于 ON 位置。

③ 按 PROG 键,再按[程序]软键,选择程序内容显示画面。

④ 按[OPRT]软键,再按连续菜单扩展键。

⑤ 按[READ]软键,再按[EXEC]软键后,系统处于等待输入状态。

⑥ 在 PC 机中打开传输软件超级终端,进入数据输出菜单,选择要恢复的程序,启动传输软件,执行输出,系统就开始输入程序。同时,在系统屏幕界面右下方闪烁"INPUT",而在超级终端会动态显示程序的传送情况,直到程序输入停止,"INPUT"的显示消失。传送过程中,按[RESET]软键可停止程序的输入,按[CAN]软键可取消输入。

(5)CNC 参数的备份。

① 选择 EDIT(编辑)方式。

② 按 SYSTEM 键,再按[PARAM]软键,选择参数画面。

③ 按[OPRT]软键,再按连续菜单扩展键。

④ 在 PC 机上打开传输软件超级终端,选定参数备份到 PC 机的存储路径和文件名,进入接收数据状态。

⑤ 按下[PUNCH]软键,然后再按[EXEC]软键,这时开始输出参数到计算机中。同时在系统屏幕界面右下方闪烁"OUTPUT",而在超级终端会动态显示参数的传送情况,直到参数输出停止,"OUTPUT"的显示消失。传送过程中,按[RESET]软键可停止程序的输出,按[CAN]软键可取消输出。

(6)CNC 参数恢复。

① 进入急停状态。

② 按数次 SETTING 键,可显示设定画面。

③ 确认[参数写入=1]。

④ 按菜单扩展键。

⑤ 按[READ]软键,再按[EXEC]软键后,系统处于等待输入状态。

⑥ 在 PC 机中打开传输软件超级终端,进入数据输出菜单,找到相应数据,执行输出,系统就开始输入参数。同时,在系统屏幕界面右下方闪烁"INPUT",而在超级终端会动态显示程序的传送情况,直到程序输入停止,"INPUT"的显示消失。传送过程中,按[RESET]软键可停止程序的输入,按[CAN]软键可取消输入。

(7)输入完参数后,关断一次电源,再打开。

2. 系统与存储卡间数据的传输

(1)数据输出到存储卡

按下列步骤,可将存储在 Power Mate 存储器中的数据输出到存储卡中。

① Power Mate 置为 EDIT 方式。

② 让系统处于急停状态。

③ 按[PRGRM]软键,显示程序显示画面。

④ 将存储卡插入到 CNC 中。

⑤ 输入地址[M]。

⑥ 点击[OPERATION]、[→]、[PUNCH]软键,然后按[EXEC]软键(使用 DPL/MDI 时,按[WRITE]软键),则 Power Mate 存储器中的所有数据都被输出。

(2)从存储卡输入数据

按下列步骤,可将存储卡的所有数据输入到 Power Mate 存储器中。

① 将 Power Mate 置为 EDIT 方式或为 MDI 方式。

② 将系统处于急停状态。

③ 将设定参数[parameter write enable]置为"1"(使用 DPL/MDI 时,设定[PWE]为"1")。

④ 按[PRGRM]软键,显示程序显示画面。

⑤ 将存储卡插入到 CNC 中。

⑥ 输入地址[M]。

⑦ 点击[OPERATION]、[→]、[READ]软键,然后按[EXEC]软键(当使用 DPL/MDI 时,按[READ]软键),则存储卡中所有的数据都被读入到 CNC 存储器中。

3. 使用存储卡在引导系统画面进行数据备份和恢复

(1)调出引导系统画面

① 在机床断电的情况下将存储卡插入存储卡接口上。

② 同时按显示器下端最右面两个软键,如图 1-4-2 所示,给系统上电,调出引导系统画面。

③ 调出引导系统画面,如图 1-4-3 所示。

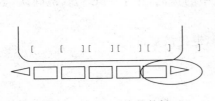

图 1-4-2　系统的软键

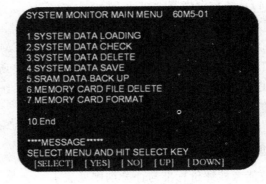

图 1-4-3　系统引导画面

(2)数据备份

下面以存储在 SRAM 中的用户数据(包括参数、加工程序和刀具补偿等)为例介绍数据备份的步骤。

① 按照上述方法调出系统引导画面。

② 在系统引导画面按[UP]或[DOWN]软键选择所要的操作项第 5 项,按[SELECT]软键,进入用户数据备份和恢复画面,如图 1-4-4 所示。

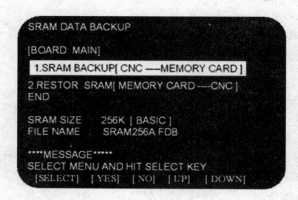

图1-4-4 用户数据备份和恢复画面

③ 选择第1项,即把用户数据从CNC备份到存储卡,文件名为"SRAM256A.FDB";按[SELECT]软键,出现是否将用户数据备份到存储卡的提问;按下[YES]软键,数据就会备份到存储卡中。

④ 备份完成后,按下[SELECT]软键,退出备份过程。

当需要备份PMC程序时,在上述的第②步中选择系统引导画面中的第4项,按[SELECT]软键,进入系统数据备份画面,选择PMC程序,按[YES]软键把PMC程序备份到存储卡中(存储文件名类似如"PMC-RA.000")。备份完成后,同样按下[SELECT]软键,退出备份过程。

(3)用户数据恢复。

用户数据恢复的步骤类似用户数据备份的步骤,只是在第③步中选择第2项,即把用户数据从存储卡恢复到数控系统中,其他步骤类似。

(4)系统数据恢复

① 调出系统引导画面。

② 在系统引导画面中,选择第1项"SYSTEM DATA LOADING"。

③ 在系统数据装载画面中选择存储卡上所要恢复的文件如"PMC-RA.000",按[SELECT]软键,出现是否将文件恢复到数控系统中的提问,按下[YES]软键确认,数据就会恢复到数控系统中。

④ 系统数据恢复完成后,按下[SELECT]软键,退出恢复过程。

四、技能考核

技能考核评价标准与评分细则见表1-4-4。

表1-4-4 FANUC Oi数控系统数据的传输实训评价标准与评分细则

评价内容	配分	考核点	评分细则	得分
实训准备	10	清点实训器材、工具,并摆放整齐	每少一项实训器材扣3分,工具摆放不整齐扣5分	
操作规范	10	(1)行为文明,有良好的职业操守。 (2)实训完后清理、清扫工作现场	(1)迟到、做其他事酌情扣10分以内。 (2)未清理、清扫工作现场扣5分	

（续表）

评价内容	配分	考 核 点	评分细则	得分
实训内容	80	（1）使用 PC 进行数据的备份与恢复。 （2）系统与存储卡的数据传输。 （3）用存储卡进行数据备份和恢复	（1）操作步骤不对，扣 10～20 分。 （2）操作步骤不对，扣 10～20 分。 （3）操作步骤不对，扣 10～20 分	
工时		120 分钟		

思 考 题

（1）当要求以 9600 的波特率传送数据时，相应的参数应该怎么修改？

（2）用计算机的 RS232 口输入/输出参数时，系统应该处于什么方式？

（3）为什么修改数据后要进行数据存储？

（4）试述各类数据由电脑传输至系统的步骤。

任务 1-5　伺服驱动单元的调试与故障诊断

【学习目标】

(1)熟悉伺服驱动单元的调试过程。

(2)掌握伺服驱动单元的故障排除方法。

相关知识

一、有关伺服参数的含义

(1)参数 1010:CNC 控制轴数。

(2)参数 1020:各轴的编程名称。

(3)参数 1022:基本坐标系中各轴的顺序。

(4)参数 1023:各轴的伺服轴号。

(5)参数 1825:各轴的伺服环增益。

(6)参数 1826:各轴的到位宽度。

(7)参数 1827:设定各轴切削进给的到位宽度。

(8)参数 1828:各轴移动中的最大允许位置偏差量。

(9)参数 1829:各轴停止中的最大允许位置偏差量。

二、诊断画面的显示

(1)按 SYSTEM 键。

(2)按[诊断]软键,显示诊断画面。

三、伺服相关诊断号的含义

(1)诊断号 200

#7	#6	#5	#4	#3	#2	#1	#0
OVL	LV	OVC	HCA	HVA	DCA	FBA	OFA

① OVL:发生过载报警。(详细内容显示在诊断号 201 上)

② LV:伺服放大器电压不足的报警。

③ OVC:在数字伺服内部,检查出过流报警。

④ HCA:检测出伺服放大器电流异常报警。

⑤ HVA:检测出伺服放大器过电压报警。

⑥ DCA:伺服放大器再生放电电路报警。

⑦ FBA:发生了断线报警。

⑧ OFA:数字伺服内部发生了溢出报警。

(2)诊断号 201。

#7	#6	#5	#4	#3	#2	#1	#0
ALD			EXP				

① 当诊断号 200 的 OVL 为 1 时。

ALD：1——电动机过热，0——伺服放大器过热。

② 当诊断号 200 的 FBA 为 1 时，见表 1-5-1。

表 1-5-1　诊断号 200 的 FBA 为 1 时诊断号 201 的含义

ALD	EXP	报警内容
1	0	内装编码器断线
1	1	分离式编码器断线
0	0	脉冲编码器断线

(3)诊断号 203

#7	#6	#5	#4	#3	#2	#1	#0
			PRM				

PRM：数字伺服侧检测到报警，参数设定值不正确。

(4)诊断号 204。

#7	#6	#5	#4	#3	#2	#1	#0
	OFS	MCC	LDA	PMS			

① OFS：数字伺服电流值的 A/D 转换异常。

② MCC：伺服电磁接触器的触点熔断了。

③ LDA：串行编码器异常。

④ PMS：由于反馈电缆异常导致的反馈脉冲错误。

四、伺服报警号的含义（具体参考系统维修说明书）

(1)报警号 417：当第 n 轴处在下列状况之一时发生此报警。

① 参数 2020：设定在特定限制范围以外。

② 参数 2022：没有设定正确值。

③ 参数 2023：设定了非法数据。

④ 参数 2024：设定了非法数据。

⑤ 参数 2084：和参数 2085（柔性齿轮比）没有设定。

⑥ 参数 1023：设定超出范围的值，或设定范围内不连续的值，或设定隔离的值。

⑦ PMC 轴控制中，扭矩控制参数设定不正确。

(2)报警号 5136：与控制轴的数量比较，FSSB 认出的放大器的数量不够。

(3)报警号 5137：FSSB 进入了错误方式。

(4)报警号 5138：在自动设定方式，还没完成轴的设定。

(5)报警号 5139：伺服初始化没有正常结束。

技能实训

一、实训器材

FANUC Oi 系统数控机床综合实训台。

二、实训内容

(1)伺服驱动单元的正常调试过程。

(2)伺服参数设置异常实训。

(2)伺服串行总线的故障诊断。

三、实训步骤

1. 伺服驱动单元的正常调试过程

(1)确认系统、伺服驱动单元和电机的连接正确,然后通电。

(2)伺服参数的初始化。

① 在紧急停止状态,接通电源。

② 按下面顺序,显示伺服参数的设定画面,按[SYSTEM]软键、扩展键、[SV. PARA]软键。

a. 初始设定为2000。

♯3(PRMCAL)1:进行参数初始设定时,自动变成1。

♯1(DGPRM)0:进行数字伺服参数的初始化设定。

1:不进行数字伺服参数的初始化设定。

♯0(PLC01)0:使用PRM2023,2024的值。

1:在内部把PRM2023,2024的值乘10倍。

b. 电机ID号,对应参数2020,设定为各轴的电机类型号。

c. 任意AMR功能,对应参数2001(设定为00000000)。

d. CMR(指令倍乘比),对应参数1820。

e. 关断电源,然后再打开电源。

f. 进给齿轮比 N/M(F. FG)。

g. 移动方向,对应参数2022,正向设定为111,反向设定为−111。

h. 速度脉冲数,对应参数2023,设定为8192。

i. 位置脉冲数,对应参数2024,设定为12500。

j. 参考计数器,对应参数1821,设定为各轴的参考计数器的容量。

③ 使用光标、翻页键,输入初始设定时必要的参数。

④ 将电源关闭,然后再接通。

(3)其他有关伺服参数的设置。

参数1010:设置为2(车床),设置为3(铣床)。

参数1020:设置为88(X轴),设置为89(Y轴),设置为90(Z轴)。

参数1022:设置为1(X轴),设置为2(Y轴),设置为3(Z轴)。

参数1023:数控车床:设置为1(X轴),设置为2(Z轴)。

数控铣床:设置为1(X轴),设置为2(Y轴),设置为3(Z轴)。

参数 1420:设置各轴快速运行速度。

参数 1423:设置各轴手动连续进给(JOG 进给)时的进给速度。

参数 1424:设置各轴的手动快速运行速度。

参数 1825:设置为 3000。

参数 1826:设置为 20。

参数 1827:设置为 20。

参数 1828:设置为 10000。

参数 1829:设置为 20。

(4)在手轮方式运行各轴,看各轴是否正常,然后转换到手动方式,分别以慢速到快速运行各轴。

2. 伺服参数设置异常实验

(1)将伺服参数 1023 改成 4,关机,再开机,观察系统的变化,注意报警号。

(2)调出诊断号 203、诊断号 280,并记下诊断号的值。

(3)将伺服参数 1023 改回原来值,关机,再开机,系统应该恢复正常。

(4)调出诊断号 203 和 280,观察有什么变化?

(5)老师自己设置一些故障,让学生通过报警号和诊断号自己排除。

3. 伺服串行总线的故障诊断

(1)将其中一个伺服模块 COP10B 插头上的光缆线拔下来。

(2)观察系统出现的报警号,并分析原因。

四、技能考核

技能考核评价标准与评分细则见表 1-5-2。

表 1-5-2 FANUC Oi 伺服驱动单元的调试与故障诊断实训评价标准与评分细则

评价内容	配分	考核点	评分细则	得分
实训准备	10	清点实训器材、工具,并摆放整齐	每少一项实训器材扣 3 分,工具摆放不整齐扣 5 分	
操作规范	10	(1)行为文明,有良好的职业操守。 (2)实训完后清理、清扫工作现场	(1)迟到、做其他事酌情扣 10 分以内。 (2)未清理、清扫工作现场扣 5 分	
实训内容	80	(1)伺服驱动单元的正常调试。 (2)伺服参数设置异常训练。 (3)伺服串行总线故障的排除	(1)调试操作步骤不对,扣 10~20 分。 (2)原因分析不对,扣 10~20 分。 (3)不会排除故障,扣 10~20 分	
工时	120 分钟			

※※

思　考　题

(1)光缆在整个系统中起到什么作用？

(2)当伺服出现417报警时,请分析可能出现的原因,怎样排除？

※※

任务 1-6   主轴变频单元的调试与故障诊断

【学习目标】

(1) 学会交流变频器的使用。

2. 熟悉主轴变频单元的调试过程。

2. 能对交流变频器的常见故障进行诊断。

相关知识

一、交流伺服电动机的调速

根据电机学理论可知,交流伺服电动机的同步转速 n_1 为

$$n_1 = \frac{60 f_1}{P}$$

式中,f_1——电源频率(Hz);P——电动机磁极对数。

由此可知:可用改变磁极对数 P 和改变电源频率 f_1 的方法来改变电动机的转速,但为了满足数控机床无级调速的要求,交流伺服电动机只用改变电源频率 f_1 的方法来调速。为实现交流伺服电动机的调速控制,其主要环节是能为交流伺服电动机提供变频电源的变频器。

电动机的转矩正比于磁通 Φ,为了保证在一定的调速范围内保持电动机的转矩不变,在调节电源频率 f_1 时,必须保持磁通 Φ 不变。由公式 $U \approx E = 4.44 f N \Phi$ 可知 $\Phi \propto U/f$,所以改变频率 f 时,同时相应地改变电源电压 U,可以保持磁通 Φ 不变。目前,大部分变频器都采用了这种方法。

二、变频器的工作原理

变频器的功用是将 50 Hz 的交流电变换成频率连续可调(如 0～400 Hz)的交流电。因此变频器是交流伺服电动机调速的关键部件。

1. 变频器与外界的联系

变频器与外界的联系基本上可分为以下三部分:

(1) 主电路接线端,包括工频电网的输入端(一般为 R、S、T),接电动机的输出端(一般为 U、V、W)。

(2) 控制端子,包括外部信号控制变频器的端子,变频器工作状态指示端子,变频器与外界的通信接口。

(3) 操作面板,包括液晶显示屏和键盘。

2. 变频器的工作原理

图 1-6-1 所示为变频器的工作原理图。

(1) 整流、逆变单元。整流器和逆变器是变频器的两个主要功率变换单元,电网电压由输入端的输入变频器,经整流器(整流器通常是由二极管构成的三相桥式整流)整流成直流电压。直流电压由逆变器变成交流电压(交流电压的频率和电压大小受基极驱动信号控

制),由输出端输出到交流电动机。

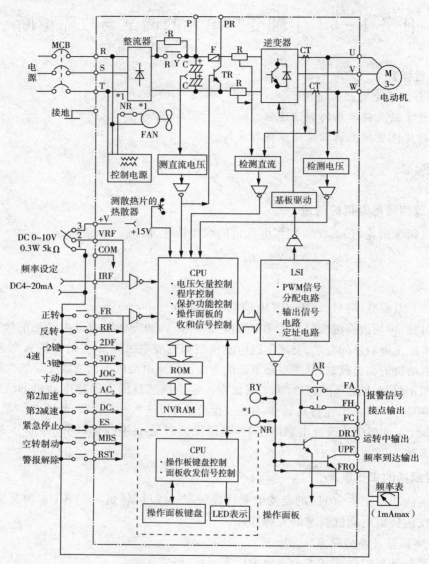

图 1-6-1 变频器的工作原理

(2)驱动控制单元(LSI)。驱动控制单元受中央处理单元(CPU)的控制,包括 PWM 信号分配电路、输出信号电路等,主要作用是产生符合系统控制要求的驱动信号。

(3)中央处理单元(CPU)。中央处理单元包括控制程序、控制方式等部分,是变频器的控制核心。外部控制信号(如频率设定、正转信号、反转信号等)、内部检测信号(如整流器输出的直流电压、逆变器输出的交流电压等)、用户对变频器的参数设定信号等送到 CPU,经 CPU 处理后,对变频器进行相关控制。

(4)保护及报警单元。变频器通常都有故障自诊断功能和自保护功能,当变频器出现故障输入或输出信号异常时,由 CPU 控制 LSI,改变驱动信号,使变频器停止工作,实现自我保护功能。

(5)参数设定和监视单元。该单元主要由操作面板组成,用于对变频器的参数设定和监视变频器当前的运行状态。

三、变频器的分类

变频器按控制方式可分为 V/F（电压和频率的比）控制的变频器、转差频率控制变频器、矢量控制变频器、直接转矩控制变频器。

（1）V/F 控制的变频器。V/F 控制的基本特点是对变频器输出的电压和频率同时进行控制，通过使 V/F 的值保持一定而得到的所需转矩特性。采用 V/F 控制的变频器控制电路结构简单、成本低，多用于对精度要求不高的通用变频器。

（2）转差频率控制变频器。转差频率控制是对 V/F 控制的一种改进，这种控制需要由安装在电动机上的速度传感器检测出电动机的转速，构成速度闭环。速度调节器的输出为转差率，而变频器的输出频率则由电动机的实际转速与所需转差率之和决定。由于是通过控制转差率来控制转矩的电流，与 V/F 控制相比，其加减速特性和限制过电流的能力得到提高。

（3）矢量控制变频器。矢量控制是一种高性能异步电动机控制方式。它的基本原理是：将异步电动机的定子电流分为产生磁场的电流分量（励磁电流）和与其垂直的产生转矩的电流分量（转矩电流），并分别加以控制。在这种控制方式中，必须同时控制异步电动机定子电流的幅值和相位，即定子电流的矢量。

（4）直接转矩控制变频器。直接转矩控制是交流传动中革命性的电动机控制方式，不需在电动机的转轴上安装脉冲编码器来反馈转子位置，而具有精确转速和转矩，能在零速时产生满载转矩，电路中的 PWM 调制器不需要分开的电压控制和频率控制。

四、FR－S500 变频器的使用

三菱公司生产的 FR－S500 变频器具有免测速机矢量控制功能，它可以计算出所需输出电流及频率的变化量，以维持所期望的电机转速，而不受负载条件变化的影响。

1. FR－S500 变频器的连接

（1）变频器电源及电机接线。FR－S500 变频器电源及电机强电接线端子的排列如图 1－6－2 所示。

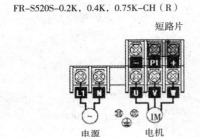
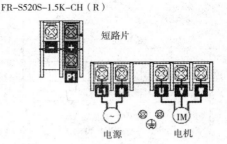

图 1－6－2　FR－S500 变频器电源及电机强电接线端子的排列

变频器电源接线位于变频器的左下侧，单相交流电 AC 220V 供电，接接线端子 L1、N 及接地 PE。变频器电机接线位于变频器的右下侧，接线端子 U、V、W 及接地 PE 引线接三相电动机。

注意：电源进线及电机接线均为交流高电压，请在接通电源之前或在通电工作中，确认变频器的盖子已经盖好，以防触电。

(2)变频器弱电控制接线。FR－S500 变频器弱电控制接线端子排列如图 1－6－3 所示。

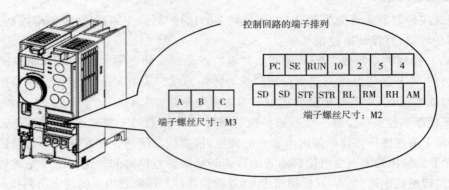

图 1－6－3　FR－S500 变频器弱电控制接线端子的排列

(3)变频器的系统接口。FR－S500 变频器的系统接口如图 1－6－4 所示。

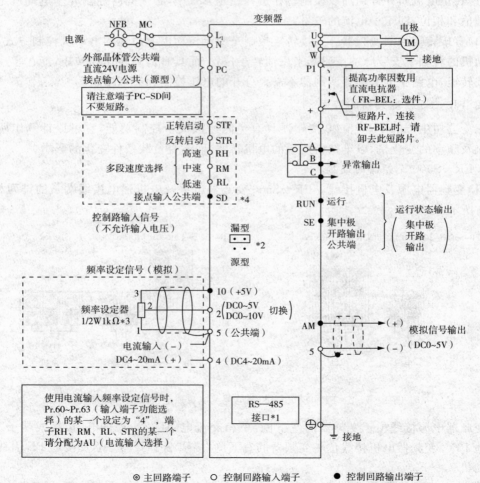

图 1－6－4　FR－S500 变频器的系统接口

2. FR－S500 变频器的操作

(1)FR－S500 变频器的操作面板如图 1-6-5 所示。

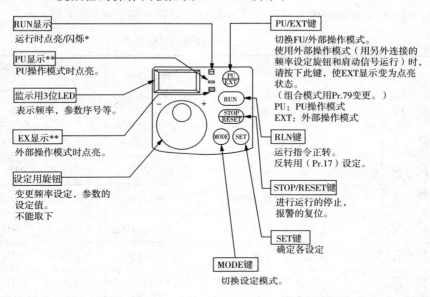

图 1-6-5　FR－S500 变频器的操作面板图

(2)变频器的基本操作。变频器的基本操作如图 1-6-6 所示。

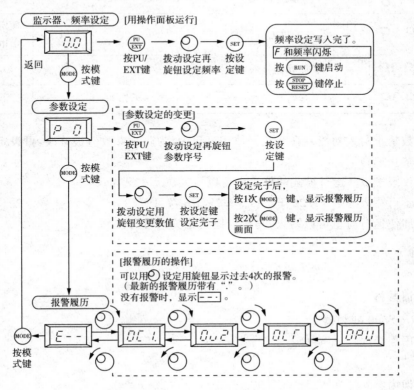

图 1-6-6　FR－S500 变频器的基本操作

3. FR－S500 变频器的参数

(1)FR－S500 变频器的功能参数。功能参数见表 1－6－1。当"扩张功能显示选择"的设定值为"1"时,扩张功能参数有效。具体参数见变频器使用手册(基本篇)。

表 1－6－1　三菱变频器的功能参数

参数	显示	名　称	设定范围	最小设定单位	出厂时设定	客户设定值
0	P 0	转矩提升	0～15%	0.1%	6%	
1	P 1	上限频率	0～120Hz	0.1Hz	50Hz	
2	P 2	下限频率	0～120Hz	0.1Hz	0Hz	
3	P 3	基波频率	0～120Hz	0.1Hz	50Hz	
4	P 4	3速设定(高速)	0～120Hz	0.1Hz	50Hz	
5	P 5	3速设定(中速)	0～120Hz	0.1Hz	30Hz	
6	P 6	3速设定(低速)	0～120Hz	0.1Hz	10Hz	
7	P 7	加速时间	0～999s	0.1s	5s	
8	P 8	减速时间	0～999s	0.1s	5s	
9	P 9	电子过电流保护	0～50A	0.1A	额定输出电流	
30	P30	扩张功能显示选择	0,1	1	0	
79	P79	运行模式选择	0～4,7,8	1	0	

(2)参数禁止写入功能。在变频器使用过程中,为防止参数值被修改,可设定参数 Pr.77 "参数写入禁止选择"。

0——仅限于 PU 运行模式的停止中可以写入。

1——不可写入参数 Pr.22、Pr.30、Pr.75、Pr.77、Pr.79。

2——即使运行时也可以写入,与运行模式无关均可写入。

技能实训

一、实训器材

(1)FR－S500 变频器。

(2)专用连接线。

(3)电动机。

二、实训内容

(1)变频器参数的修改。

(2)变频器的常规使用。

(3)变频器的常见故障诊断。

三、实训步骤

1.FR－S500 变频器参数的修改

FR－S500 变频器可使用操作面板修改参数,具体操作步骤如图 1－6－7 所示。

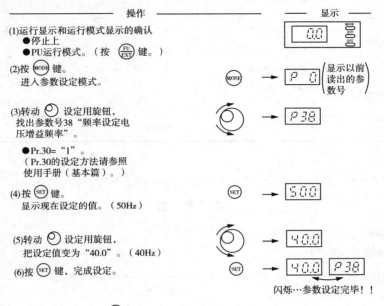

图 1－6－7　使用操作面板修改参数的操作步骤

2.FR－S500 变频器的常规使用

(1)用变频器上的操作面板控制(电机的正转、反转、停止、转速改变等)。

(2)用控制板上的元件对变频器进行控制(电机的正转、反转、停止、转速改变等)。

(3)用 NC 系统对变频器进行控制(电机的正转、反转、停止、转速改变等)。

3.FR－S500 变频器的常见故障诊断

通过拨码开关断开控制主轴正转、反转的模拟量信号,观察主轴运行情况,分析原因。

四、技能考核

技能考核评价标准与评分细则见表 1－6－2。

表 1－6－2　主轴变频单元的调试与故障诊断实训评价标准与评分细则

评价内容	配分	考核点	评分细则	得分
实训准备	10	清点实训器材、工具,并摆放整齐	每少一项实训器材扣 3 分,工具摆放不整齐扣 5 分	

(续表)

评价内容	配分	考核点	评分细则	得分
操作规范	10	(1)行为文明,有良好的职业操守。 (2)实训完后清理、清扫工作现场	(1)迟到、做其他事,酌情扣10分以内。 (2)未清理、清扫工作现场,扣5分	
实训内容	80	(1)变频器参数的修改。 (2)变频器的常规使用。 (3)变频器常见故障的诊断	(1)修改参数操作,每错一处扣10分。 (2)常规使用操作,每错一处扣15分。 (3)不会分析排除故障,扣10~20分	
工时			120分钟	

❋❋

思 考 题

(1)如何判断故障是变频器自身故障?
(2)简述变频器的工作原理。

❋❋

任务 1-7　机床主轴及主轴编码器的安装与故障诊断

【学习目标】

(1)了解主轴编码器的作用、结构、工作原理及安装方法。

(2)掌握主轴闭环系统的调试方法。

(3)熟悉主轴闭环系统的故障分析与诊断。

相关知识

一、机床主轴

(1)机床主轴的作用。机床主轴一般用于给机床加工提供切削力,通常主轴驱动被加工工件旋转的是车削加工,所对应的机床是车床类;主轴驱动切削工件旋转的是铣削加工,所对应的机床是铣床类。主轴电机通常有普通电机与标准主轴电机两种,与之对应的驱动装置也分为开环与闭环两种。主轴是数控机床的关键部件,它的回转精度影响工件的加工精度,它的功率大小与回转速度影响加工效率,它的自动变速、准停和换刀等功能影响机床的自动化程度。

(2)主轴驱动装置。主轴驱动装置有普通变频器和闭环主轴驱动装置等,普通变频器的生产厂家很多,目前市场上流行的有德国西门子公司、日本三菱、安川等。闭环主轴驱动装置一般由各数控公司自行研制并生产,如西门子公司的 611 系列,日本发那克公司的 α 系列等。数控机床要求主轴伺服驱动装置能够在很宽范围内实现转速连续可调,并且稳定可靠。当机床有螺纹加工功能、C 轴功能、准停功能和恒线速度加工时,主轴电动机需要装配检测元件,对主轴速度和位置进行控制。

二、数控系统位置测量装置的分类

对于不同类型的数控机床,因工作条件和检测要求不同,应采用不同的测量方式。

1. 增量式测量与绝对式测量

(1)增量式测量。增量式测量的特点是只测量位移增量,即工作台每移动一个测量单位,测量装置便发出一个测量信号,此信号通常是脉冲形式。典型的增量式测量装置有增量式光电编码器和光栅。

(2)绝对式测量。绝对式测量指的是被测的任一点的位置都由一个固定的零点算起,每一测量点都有一对应的测量值,常以数据形式表示。典型的绝对式测量装置有接触式编码器和绝对式光电编码器。

2. 直接测量与间接测量

(1)直接测量。直接测量是将检测装置直接安装在执行部件上进行测量。直接测量的精度主要取决于检测元件的精度,不受机床传动装置的直接影响,但检测装置要与行程等长,这对大型数控机床来说,是一个很大的限制。典型的直接测量装置有光栅和编码器。

(2)间接测量。间接测量是通过对与工作台运动相关联的伺服电动机或丝杠回转运动的测量,间接地反映工作台位置。间接测量的精度取决于检测装置和机床的传动链两者的

精度，但间接测量无长度限制。典型的间接测量装置有编码器和旋转变压器。

3. 数字式测量与模拟式测量

(1)数字式测量。数字式测量是将被测量以数字形式表示，其特点是测量装置简单，信号抗干扰能力强，且便于显示处理。典型的数字式测量装置有光电编码器、接触式编码器和光栅。

(2)模拟式测量。模拟式测量是将被测量用连续的变量(如电压变化、相位变化)来表示。数控机床中模拟式测量主要用于小量程的测量，其特点是直接对被测量进行检测，无须量化。典型的模拟式测量装置有旋转变压器、感应同步器和磁栅。

4. 接触式测量与非接触式测量

(1)接触式测量。接触式测量的检测元件与被测对象间存在着机械联系，因此机床本身的变形、振动等因素会对测量产生一定的影响。典型的接触式测量装置有光栅、磁栅、感应同步器和接触式编码器。

(2)非接触式测量。非接触式测量的传感器与被测对象间是分离的，不发生机械联系。典型的非接触式测量装置有双频激光干涉仪和光电式编码器。

三、主轴编码器

1. 主轴编码器的作用

就电气控制而言，机床主轴的控制是有别于机床伺服轴的。一般情况下，机床主轴的控制系统为速度控制系统，而机床伺服轴的控制系统为位置控制系统。换句话说，主轴编码器一般情况下不是用于位置反馈的(也不是用于速度反馈的)，而仅作为速度测量元件使用。从主轴编码器上所获取的数据，一般有两个用途，其一是用于主轴转速显示；其二是用于主轴与伺服轴配合运行的场合(如螺纹切削加工、恒线速加工、G99 进给等)。

数控机床在加工螺纹时，用编码器作为主轴位置信号的反馈元件，将发出的主轴转角位置变化信号变换成电脉冲信号输送给计算机，控制机床纵向或横向电机运转，实现螺纹加工的目的。当机床主轴驱动单元使用了带速度反馈的驱动装置以及标准主轴电机时，主轴可以根据需要工作在伺服状态。此时，主轴编码器作为位置反馈元件使用。

根据内部结构和检测方式的不同，脉冲编码器可分为光电式、接触式和电磁式三种，在数控机床上最常用的是光电脉冲编码器。

2. 光电增量式编码器的结构和工作原理

如图 1-7-1 所示，增量式光电编码器检测装置由光源、聚光镜、光电盘、光栏板、光电管、整形放大电路和数字显示装置等组成。光电盘和光栏板用玻璃研磨抛光制成，在真空中的玻璃表面镀一层不透明的铬，然后用照相腐蚀法，在光电盘的边缘上开有间距相等的透光狭缝。在光栏板上制成两条狭缝，每条狭缝的后面对应安装一个光电管。当光电盘随被测工作轴一起转动时，每转过一个缝隙，光电管就会感受到一次光线的明暗变化，使光电管的电阻值改变，这样就把光线的明暗变化转变成电信号的强弱变化，而这个电信号的强弱变化近似于正弦波的信号，经过整形和放大等处理，变换成脉冲信号。

光电编码器的输出波形如图 1-7-2 所示。通过光栏板两条狭缝的光信号 A 和 B，相位角相差 90°，通过光电管转换并经过信号的放大整形后，成为两相方波信号。将该信号送入鉴相电路，即可判断光电盘的旋转方向。

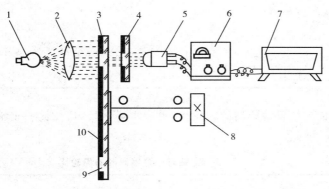

图 1-7-1 光电脉冲编码器装置工作原理图

1—光源 2—聚光镜 3—光电盘 4—光栏板 5—光电管

6—整形放大电路 7—数显装置 8—传动齿轮 9—狭缝 10—铬层

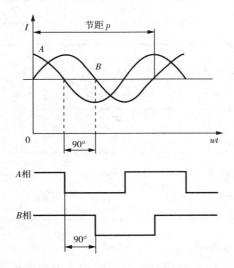

图 1-7-2 编码器输出波形图

由于增量式光电编码器的工作原理是每转过一个分辨角就发出一个脉冲信号,由此可得出如下结论:

(1)增量式光电编码器的测量精度取决于它所能分辨的最小角度 α(分辨角或分辨率),而这与光电码盘圆周内所分狭缝的条数有关。

$$\alpha = 3600/缝数$$

(2)通过计数器计量脉冲的数目,即可测定旋转运动的角位移,然后由传动比换算为直线位移距离。

(3)通过计量脉冲的频率,即可测定旋转运动的转速。

(4)根据光栏板两条狭缝中所产生信号的先后顺序(即相位),可判别旋转运动的方向(正转或反转)。

此外,在光电编码器的内圈还增加一条透光条纹 Z,每转产生一个零位脉冲,在进给电动机所用的光电编码器上,零位脉冲用于精确确定机床的参考点。而在主轴电动机上,则可用于主轴准停以及螺纹加工等。

3. 与编码器相关的参数

① PRM3706。

#7	#6	#5	#4	#3	#2	#1	#0
TCM	CWM					PG2	PG1

PG2、PG1：主轴与位置编码器的齿轮比，见表1-7-1。齿轮比＝主轴转速/位置编码器转速。

表 1-7-1　主轴与位置编码器的齿轮比

齿轮比	PG2	PG1
×1	0	0
×2	0	1
×4	1	0
×8	1	1

TCW、CWM：主轴速度输出时电压的极性，见表1-7-2。

表 1-7-2　主轴速度输出时电压的极性

TCW	CWM	电压的极性
0	0	M03、M04 同时为正
0	1	M03、M04 同时为负
1	0	M03 为正、M04 为负
1	1	M03 为负、M04 为正

4. 主轴编码器的安装与维护

（1）主轴编码器的安装。为了使主轴编码器能如实地向数控系统反映主轴的转速、方向等信号，机床主轴编码器的安装有两种形式：一种是直接安装在主轴上；另一种是安装在主轴附近，用相应传动装置与主轴相连。

（2）主轴脉冲编码器的维护。主轴脉冲编码器的维护主要注意下面两点：

一是防污和防振。由于编码器是精密测量元件，使用环境或拆装要注意防污和防振。污染容易造成信号丢失，振动容易使编码器内的紧固件松动脱落，造成内部电源短路。

二是防松。由于连接松动往往会影响位置控制精度，因此不管采用哪种安装形式，都要注意编码器连接松动的问题。

技能实训

一、实训器材

（1）FANUC Oi 系统数控机床综合实训台。

（2）专用连接线。

（3）万用表。

(4)数字式双踪示波器。

二、实训内容

(1)系统与编码器的硬件连接。

(2)验证主轴编码器与主轴转速之间的关系。

(3)了解数控系统通过主轴编码器识别主轴旋转方向的原理。

(4)了解与主轴编码器有关的数控加工。

(5)利用拨码开关,设置主轴编码器硬件故障。

三、实训步骤

(1)系统与编码器的硬件连接参照任务1-1。

(2)用示波器测量编码器各信号波形,并分析其各信号的作用。

(3)在MDI方式,改变参数3706.0、3706.1的值,关机再开机,机床回参考点。在MDI方式,执行程序M03 S200,观察屏幕上主轴转速理论值和实际值的变化及关系。

(4)在MDI方式,改变参数3706.6、3706.7的值,关机再开机,机床回参考点。在MDI方式,执行程序M03 S200,再执行程序M04 S200,观察各种参数情况下,主轴旋转方向的变化。

(5)在MDI或AUTO方式,分别运行程序G98 G1 Z100 F200和G99 G1 Z100 F200 M3 S400,观察机床的运行情况及运行过程中主轴转速变化的区别。用同样的方法运行G96、G32并观察机床的运行,分析其原因。

(6)用拨码开关分别断开A与A*、B与B*、Z与Z*,观察机床的报警情况。特别要注意观察,此时报警要用什么方法才能复位?

四、技能考核

技能考核评价标准与评分细则见表1-7-3。

表1-7-3　机床主轴及主轴编码器的安装与故障诊断实训评价标准与评分细则

评价内容	配分	考核点	评分细则	得分
实训准备	10	清点实训器材、工具,并摆放整齐	每少一项实训器材扣3分,工具摆放不整齐扣5分	
操作规范	10	(1)行为文明,有良好的职业操守。 (2)实训完后清理、清扫工作现场	(1)迟到、做其他事酌情扣10分以内。 (2)未清理、清扫工作现场扣5分	
实训内容	80	(1)编码器与主轴转速关系验证。 (2)主轴转向的识别。 (3)与编码器有关的数控加工。 (4)编码器故障的分析与诊断	(1)参数设置、操作,每错一处扣20分。 (2)参数设置、操作,每错一处扣20分。 (3)操作错误,扣10～20分。 (4)不会分析排除故障,扣10～20分	
工时		120分钟		

✻ ✻

思 考 题

(1)为什么说主轴编码器在一般情况下既不是速度反馈元件,也不是位置反馈元件?

(2)如何将系统的指令转速与主轴的实际转速匹配正确?

(3)若一机床主轴实际转速与系统屏幕上显示的转速不相符,可能的原因有哪些?

(4)实训过程中,分别运行程序 G98 G1 Z100 F200 和 G99 G1 Z100 F200 M3 S400 后,观察到什么情况?分析原因。

✻ ✻

任务 1－8 PLC 编程与调试

【学习目标】

(1)熟悉 FANUC PMC－SAI 指令及编程。

(2)培养学员的 PLC 编程能力及综合逻辑分析能力。

(3)熟悉 NC 与 PLC 接口信号处理。

(4)掌握数控系统 PMC 的调试方法。

相关知识

一、PLC 的定义

可编程控制器(PLC)是一种数字运算操作系统,专为在工业环境下应用而设计。它采用了可编程序的存储器,用来在其内部存储执行逻辑运算、顺序控制、定时、技术和算术运算等操作的指令,并通过数字式或模拟式的输入和输出,控制各种类型机械的生产过程。可编程控制器及其有关外围设备,都按易于与工业系统连成一个整体、易于扩充其功能的原理设计。

二、PLC 的作用

在 PLC 出现之前,机床的顺序控制是以机床当前运行状态为依据,使机床按预先规定好的动作依次地工作。这种控制方式的实现,是由传统的继电器逻辑电路完成的。这种电路是将继电器、接触器、开关、按钮等机电分立元件用导线连接而成的控制回路,由于它存在体积大、耗电多、寿命短、可靠性差、动作迟缓、柔性差、不易扩展等许多缺点,逐渐被 PLC 组成的顺序控制系统所代替。现在,PLC 已成为数控机床不可缺少的控制装置。

PLC 和 CNC(数控系统)协调配合共同完成数控机床的控制。其中,CNC 主要完成与数字运算和管理等有关的功能,如零件程序的编辑、插补运算、译码、位置伺服控制等;PLC 主要完成与逻辑运算有关的一些动作,没有轨迹上的具体要求。数控机床中的 PLC 主要实现 M、S、T 功能。另外,PLC 还接受机床操作面板的指令,一方面直接控制机床的动作,另一方面将一部分指令送往 CNC 用于加工过程的控制。

PLC 实现的 M 功能很广泛,根据不同的 M 代码,可控制主轴的正反转及停止,主轴齿轮箱的变速,冷却液的开和关,卡盘的夹紧和松开以及自动换刀装置机械手取刀、归刀等运动;CNC 装置送出 S 代码进入 PLC,经电平转换(独立型 PLC)、译码、数据转换、进制转换、限幅处理和 D/A 转换,最后输给主轴控制系统,刀具 T 功能由 PLC 来实现,这给加工中心自动换刀的管理带来了很大的方便。

三、PLC 的组成

PLC 由硬件系统、软件系统组成。

1. PLC 的硬件系统

PLC 的硬件系统由中央处理器(CPU)、存储器、输入/输出单元(模块)、编程器、扩展接口、外设 I/O 接口和电源等部分组成的,如图 1－8－1 所示。PLC 的硬件设备是通用的,便于用户按需要组合。

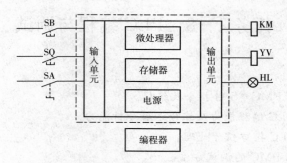

图 1-8-1 PLC 硬件系统组成

(1)中央处理器(CPU)。中央处理器是 PLC 的核心,它通过输入模块(板)将现场的外设状态读入并按照用户程序处理,根据处理结果通过输出模块去控制现场设备。

(2)存储器。存储器是 PLC 存放系统程序、用户程序和运行数据的单元,它包括只读存储器(ROM)和随机存取存储器(RAM)。

(3)输入/输出单元(模块)。输入模块接收和采集外设各类输入信号,并将其转换成 CPU 能接受和处理的数据;输出模块则将 CPU 输出的控制信息转换成外设所需要的控制信号去驱动控制对象。

(4)编程器。编程器是 PLC 的重要外部设备,它不仅能对程序进行写入、读出、修改,还能对 PLC 的工作进行监控,它通过接口与 CPU 联系,完成人机对话。

(5)电源。电源模块将 PLC 外部输入的交流电(220V),经过整流、滤波、稳压等处理后,给 PLC 的 CPU、存储器、输入/输出接口等内部电子电路提供工作需要的直流电源。

(6)扩展接口。当用户的输入/输出设备所需的 I/O 点数超过了主机的 I/O 点数时,可用 I/O 扩展单元来加以扩展。

(7)外设 I/O 接口(通信接口)。外设 I/O 接口用于连接其他 PC、上位计算机、外部设备及其他终端设备,组成 PLC 的控制网络。

2. PLC 的软件系统

PLC 的软件系统由系统程序和用户程序两大部分组成。系统程序包括系统管理程序、用户指令解释程序和供系统调用的标准程序模块等。用户程序包括开关量逻辑控制程序、模拟量运算程序、闭环控制程序和操作站系统应用程序等。

四、PLC 的类型

数控机床用可编程控制器(PLC)一般分为两大类,一类为内装型 PLC,另一类为外置型或称独立型 PLC。内装型 PLC 多用于单微处理器的 CNC 装置中,而独立型 PLC 主要用于多微处理器的 CNC 装置中。但它们的作用是相同的,都是配合 CNC 装置实现刀具的轨迹控制和机床的顺序控制。

内装型 PLC 与 CNC 间的信息传送在 CNC 内部实现,PLC 与机床间的信息传送则通过 CNC 的输入/输出接口电路来实现。一般这种类型的 PLC 不能独立工作,它只是 CNC 向 PLC 功能的扩展,两者是不能分离的。在硬件上,内装型 PLC 可与 CNC 共用一个 CPU,也可以单独使用一个 CPU。由于 CNC 功能和 PLC 功能在设计时就一同考虑,PLC 和 CNC

间没有多余的连线,因而系统在硬件和软件整体结构上合理、实用,性能价格比高。PLC 上的信息能通过 CNC 显示器显示,PLC 的编程更为方便,而且故障诊断功能和系统的可靠性也有所提高。

独立型 PLC 是完全独立于 CNC 装置,具有完备的硬件和软件功能,能够独立完成 CNC 装置规定的控制任务的装置。独立型 PLC 可采用不同厂家的产品,这使用户有选择的余地,选择自己熟悉的产品,而且功能易于扩展和变更。当用户在向 FMS、CIMS 发展时,不至于使原系统做很大的变动。独立型 PLC 和 CNC 之间是通过输入/输出接口连接的。

五、PLC 编程

1.PLC 程序设计

PLC 程序设计是数控设计与调试的一个重要环节,是 NC 系统对机床及其外围部件进行逻辑控制的重要通道,同时也是外部逻辑信号对数控系统进行反馈的必由之路。通俗地说,PLC 程序是连接机床与数控系统的桥梁。PLC 程序的编制通过 PLC 编程软件来完成,其程序的编制步骤如下:

(1)根据机床的功能确定 I/O 点的分配情况。

(2)根据机床的动作和系统的要求编制梯形图。

(3)利用系统调试梯形图。

(4)将梯形图程序固化在 ROM 芯片内。

PLC 采用周期循环扫描的工作方式,即由上至下、由左至右、循环往复地执行用户程序。因为它是对程序指令的顺序执行,应注意到在微观上与传统继电器控制电路的区别,后者可认为是并行控制的。

2.PLC 程序的结构

本系统采用的 PMC 程序由两部分组成,第一级程序部分和第二级程序部分,如图 1-8-2 所示。

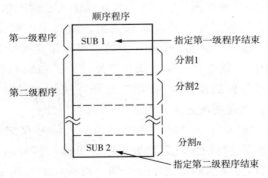

图 1-8-2   PMC 程序结构

(1)第一级程序应尽可能短。若第一级程序较长,那么总的执行时间就会延长,因而编制第一级程序时,应使其尽可能短。第一级顺序程序每 8ms 执行一次,这 8ms 中的其他时间用来执行第二级顺序程序。第一级程序是为了处理一些宽度窄的脉冲信号,这些信号包括急停、各轴超程、返回参考点减速、外部减速、跳步、到达测量位置和进给暂停信号。

(2)第二级程序一般要进行分割。如果第二级顺序程序很长的话,就必须对它进行分割,第二级程序每 $n \times 8$ms 执行一次(n 为第二级程序的分割数)。程序编制完成后,在与 CNC 的调试和 RAM 中传送时,第二级程序被自动分割。

3. PMC 程序执行顺序

PMC 程序执行顺序如图 1-8-3 所示。在 PMC 执行扫描的过程中,第一级程序每 8ms 执行一次。而第二级程序在向 CNC 的调试 RAM 传送时,根据程序的长短被自动分割成 n 等分。每 8ms 中扫描完第一级程序后,再依次扫描第二级程序,所以整个 PMC 的执行周期是 $n \times 8$ms。因此,如果第一级程序过长导致每 8ms 扫描的第二级程序过少的话,则相对于第二级 PMC 所分隔的数量 n 就多,整个扫描周期相应延长。而子程序是位于第二级程序之后,其是否执行扫描受一二级程序的控制,所以对一些控制较复杂的 PMC 程序,建议用子程序来编写,以减少 PMC 的扫描周期。

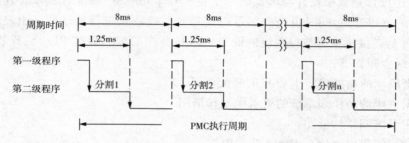

图 1-8-3　PLC 程序执行顺序

4. PLC 输入/输出信号的处理

来自 CNC 侧的输入信号(M 代码、T 代码等)和机床侧的输入信号(循环启动、进给暂停等)传送至 PLC 中处理。作为 PLC 的输出信号,有向 CNC 侧的输出信号(循环启动,进给暂停等)和向机床侧输出信号(刀架旋转、主轴停止等)。这些信号与 PMC 之间的关系如图 1-8-4 所示。

(1)第一级程序对于信号的处理。在 CNC 内部的输入和输出信号,经过其内部的输入/输出存储器,每 8ms 由第一级程序直接读取和输出。而对于外部的输入和输出信号,经过 PMC 内部的机床侧输入/输出存储器,每 2ms 由第一级程序直接读取和输出。

(2)第二级程序对于信号的处理。第二级程序所读取的内部和机床侧的信号,还需要经过第二级程序同步输入信号存储器锁存,在第二级程序执行过程中其内部的输入信号是不变化的。而输出信号的输出周期决定于二级程序的执行周期。

所以第一级程序对于输入信号的读取和相应的输入信号存储器中信号的状态是同步的,而输出是以 8ms 为周期进行输出。第二级程序对于输入信号的读取因为同步输入寄存器的使用而可能产生滞后,而输出则决定于整个第二级程序的长短来取定执行周期。所以,第一级程序我们称之为高速处理区。

5. PLC 的指令

PLC 程序中的地址是用来区分信号的。不同的地址分别对应机床侧的输入、输出信号,CNC 侧的输入、输出信号,内部继电器,计数器,保持型继电器(PLC 参数)和数据表。

每个地址由地址号和位号组成。在地址号的开头必须指定一个字母用来表示表中所列的信号类型。在功能指令中指定字节单位的地址时,位号可以省略。功能指令的含义参见《梯形图语言编程说明书》。

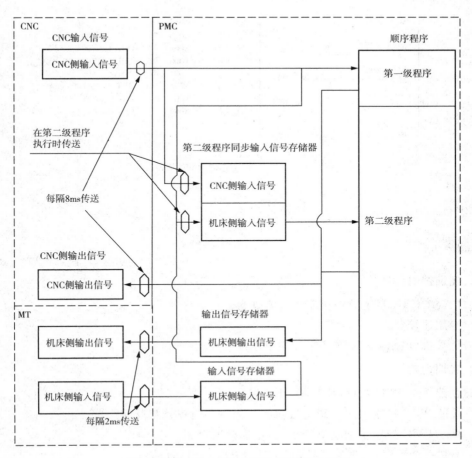

图 1-8-4　输入/输出信号与 PLC 关系图

6. PLC 的编程方法

PLC 为用户提供了完整的编程方法，以适应编制用户程序的需要。

(1)逻辑梯形图(LAD)。逻辑梯形图简称梯形图，它是从继电器-接触器控制系统的电气原理图演化而来的，是一种图形语言，如图 1-8-5a 所示。它沿用了常开触点、常闭触点、继电器线圈、接触器线圈、定时器和计数器等术语及图形符号，也增加了一些简单的计算机符号，来完成时间上的顺序控制操作。触点和线圈等的图形符号就是编程语言的指令符号。这种编程语言与电路图相呼应，使用简单、形象直观、易编程、容易掌握，是目前应用最广泛的编程方法之一。

(2)指令语句表(STL)。指令语句表简称语句表，它是用语句助记符来编程的，图 1-8-5b 为该梯形图的语句表。中、小型 PLC 一般用语句表编程。每条语句由命令部分和数据部分组成命令部分指定逻辑功能，数据部分指定功能存储器的地址号或直接数值。

(3)顺序功能流程图(SFC)。顺序功能流程图(SFC)编程是一种图形化的编程方法，亦称功能图。使用它可以对具有并发、选择等复杂结构的系统进行编程，许多 PLC 都提供了用于 SFC 编程的指令。

(4)功能块图(FBD)。利用功能块图(FBD)可以查看到像普通逻辑门图形的逻辑盒指令。它没有梯形图编程器中的触点和线圈且 FBD 编程语言有利于程序流的跟踪，但在目前

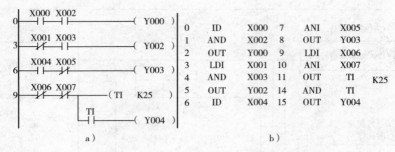

图 1-8-5 梯形图和语句表编程

a)梯形图 b)语句表

使用较少。

技能实训

一、实训器材

(1)FANUC Oi 系统数控机床综合实训台。

(2)专用连接线。

(3)计算机(电脑)及 RS232 串行通讯电缆。

二、实训内容

(1)创建一个 PLC 项目,编写其 PLC 程序。

① 通过 PMC 控制刀架在指定按钮的控制下自由正转与反转。

② 通过 PMC 控制主轴电机的正反转、加减速控制。

③ 编制一个程序:实现方式控制(手动、MDI、编辑、自动)。

④ 编制一个程序:实现输入 M 指令在面板上的指示灯上显示。

⑤ 编制一个程序:实现输入 T 指令在面板上的指示灯上显示。

⑥ 编制一个程序:实现冷却液的控制(手动、执行 M 指令两种方式)。

⑦ 编制一个程序:当 X、Y、Z 移动时,对应的灯亮。

⑧ 编制一个润滑控制的 PMC 程序:数控机床起动时开始,15 秒钟润滑;15 秒钟润滑后停止 25 分钟;润滑 15 秒后,若未达到压力则报警;润滑 1.25 分钟后,压力未下降则报警。

(2)PLC 的连接。使实训台上与输入信号相对应的拨动开关和与输出信号相对应的发光二极管建立一一对应关系。

(3)通过 CRT/MDI 上的按键,以梯形图形式把上面的程序输入系统。

(4)在实验台上验证所编程序的正确性。

三、实训步骤

(1)根据实训内容的要求,编制一个 PLC 程序。程序要求 X13.0～X13.7(或者 X1011.0～X1011.7)与 Y3.0～Y3.7(或者 Y1007.0～Y1007.7)中的各位成一一对应关系。实现该功能有多种方法,现介绍一种方法予以示范,如图 1-8-6 所示。

(2)使实验台上与输入信号相对应的拨动开关和与输出信号相对应的发光二极管建立一一对应关系进行连接。

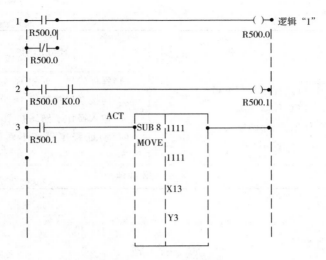

图 1-8-6　实训程序梯形图

注:K0.0 为保持型继电器。

(3)通过 CRT/MDI 上的按键,以梯形图形式把程序输入系统。方法如下:

① 系统内部提供了内置编程器,将 PLC 参数 K17.1 置为 1,激活 PLC 编程基本菜单。

② 按下 PLC 编程基本菜单中的[EDIT]软键、[LADDER]软键,显示编辑画面。

③ 把上面的程序输入系统。

④ 退出编辑画面,按下[RUN]软键,执行 PLC 程序。

(4)在实训台上的 I/O 模块上,拨动对应的输入信号开关,观察所对应输出信号的发光二极管的变化。重复这样的拨动,逐一验证各个输入信号。

(5)PMC 调试。

① 操纵数控系统进入开关量显示状态,对照机床电气原理图,检查 PMC 输入/输出点的连接和逻辑关系是否正确。

② 检查机床超程限位开关是否有效,报警显示是否正确。

四、技能考核

技能考核评价标准与评分细则见表 1-8-1。

表 1-8-1　PLC 编程实训评价标准与评分细则

评价内容	配分	考 核 点	评分细则	得分
实训准备	10	清点实训器材、工具,并摆放整齐	每少一项实训器材扣 3 分,工具摆放不整齐扣 5 分	
操作规范	10	(1)行为文明,有良好的职业操守。 (2)实训完后清理、清扫工作现场	(1)迟到、做其他事酌情扣 10 分以内。 (2)未清理、清扫工作现场扣 5 分	

（续表）

评价内容	配分	考 核 点	评分细则	得分
实训内容	80	(1)PLC程序编写正确。 (2)PLC连接正确。 (3)PLC程序的输入。 (4)PLC程序的验证	(1)程序每错一处扣10分。 (2)连接错误每处扣10分。 (3)输入操作不熟练扣10～20分。 (4)验证程序操作不熟练扣10～20分	
工时		120分钟		

❋❋❋

思 考 题

(1)为什么该系统中 PLC 程序的第一级程序应尽可能地短？

(2)PLC 有哪些编程方法？各有什么特点？

(3)用另一种方法编一程序，使每一位输入位动作时，激活相对应的输出位，并在实验台上验证程序的正确性。

❋❋❋

任务 1-9　机床参考点的设置及调试

【学习目标】

(1)熟悉数控机床参考点的工作原理。

(2)掌握机床参考点的设定方法。

(3)掌握机床参考点的调试方法。

(4)熟悉机床参考点的故障诊断。

相关知识

一、数控机床坐标系的确定

在数控机床上需要对刀具运动轨迹的数值进行准确控制,所以要对数控机床建立坐标系。标准坐标系是右手直角笛卡尔坐标系,它规定了直角坐标 X、Y、Z 三者的关系及其正方向的判定;同时规定了围绕 X、Y、Z 各轴的回转运动 A、B、C 的正方向,如图 1-9-1 所示。

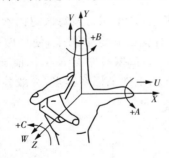

图 1-9-1　右手直角笛卡尔坐标系

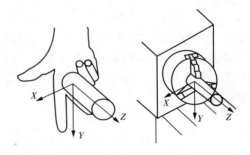

图 1-9-2　数控车床的坐标系

(1)数控车床坐标系的确定。如图 1-9-2 所示,Z 轴坐标是由传递切削动力的主轴所确定,平行于主轴轴线,一般 Z 轴的正方向为远离主轴的方向;X 轴坐标是沿工件的径向且平行于横向导轨,一般 X 轴的正方向为远离工件旋转中心的方向。

(2)数控铣床、加工中心坐标系的确定。如图 1-9-3 所示,Z 轴坐标是由传递切削动力的主轴所确定,平行于主轴轴线,一般 Z 轴的正方向为远离工件的方向;X 轴坐标是水平的,一般平行于工件的装夹表面,X 轴的正方向由右手直角笛卡尔坐标系判定;Y 轴坐标是由右手直角笛卡尔坐标系来判定。

二、机床参考点的作用

机床坐标系原点称为机床原点,经过设计和调整后,这个原点被确定下来。数控系统上电后

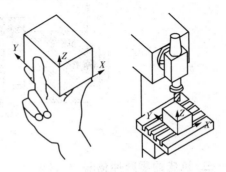

图 1-9-3　数控铣床、加工中心的坐标系

不能独立建立机床坐标系,需要在每个坐标轴的移动范围内设置一个机床参考点(一般由机床制造厂家设定),通过进行自动或手动回参考点,以建立机床坐标系。参考点可以与机床原点重合,也可以不重合,通过参数指定参考点到机床原点的距离,某坐标轴移动到参考点位置,也就知道了该坐标轴的原点位置,找到所有坐标轴的参考点,CNC 就建立起了机床坐标系。

数控机床回参考点有三个必要条件,以 FANUC 系统为例:

(1)必须沿每一坐标轴的正(负)方向。

(2)起始点距参考点不小于 30mm。

(3)回参考点的速度不小于 200mm/min。

每台机床有一个参考点,根据需要也可以设置多个参考点,用于自动刀具交换(ATC)、自动拖盘交换(APC)等。通过 G28 指令(G28 U V W)执行快速复归的点称为第一参考点,通过 G30 指令(G30 P U V W)复归的点称为第二、第三或第四参考点。

在编程加工过程中所建立的工件坐标系原点,是机床坐标系中的一个特定点而已,只有 CNC 建立了机床坐标系后,工件坐标系才有效。机床返回参考点的最重要作用是保证机床始终在统一的机床坐标系下工作,从而机床每天加工同一工件都不需要重新设定工件零点及刀具补偿等。

图 1-9-4 所示为一斜床身数控车床。R 点为参考点,是车床刀架每次返回参考点后的停留位置,参考点可因机床不同而不同,但在机床制造时就已确定下来了,使用时一般不会更改。M 点为机床坐标系零点,是参考点返回后确定的,即依据参考点 R 坐标值 $x=XMR$、$z=ZMR$ 推算来确定,一般不会更改。W 点为某一工件的工件坐标系零点,一般各种工件的工件零点各不相同。

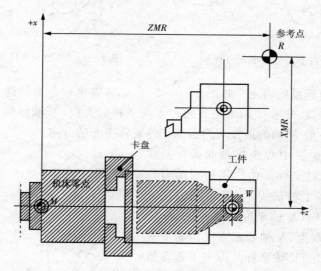

图 1-9-4 数控机床的参考点

三、机床的零脉冲信号

(1)零脉冲信号的产生。机床在返回参考点过程中均需要零脉冲信号,在闭环或半闭环数控系统的位置编码器(如光栅编码器)中,一般都有零脉冲信号;在开环步进驱动中,在没有安装编码器的情况下,装一接近开关产生零脉冲信号。

一般圆光栅编码器安装在电机或丝杠上,间接检测转动角度,故可在每一轴的电机或丝杠上安装一接近开关(一般安装在丝杠上),并使电机或丝杠每转一圈接近开关发一脉冲,该脉冲被送至 CNC 系统,作为参考点零位脉冲信号(用作编码器内零脉冲信号),安装方式如图 1-9-5 所示。

一般光栅安装在拖板或工作台上,直接检测实际位移,故可在拖板或工作台上安装一撞块和接近开关,在拖板或工作台运动到某一位置时接近开关发一脉冲,该脉冲送至 CNC 系统,作为参考点零位脉冲信号(用作光栅内零脉冲信号),安装方式如图 1-9-6 所示。

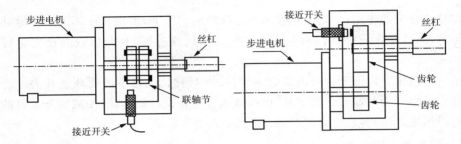

图 1-9-5 接近开关安装方式一

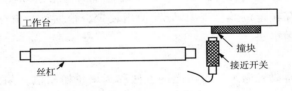

图 1-9-6 接近开关安装方式二

(2)零脉冲的触发方式。如图 1-9-7 所示,在回参考点时,零脉冲触发有两种方式:其一为寻找零脉冲上升沿的方式;其二为寻找零脉冲上升沿与下降沿的中点的方式,第二种方式较第一种方式更为精确。

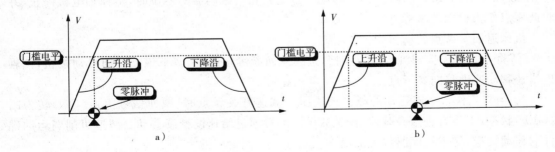

图 1-9-7 零脉冲触发方式

a)触发方式一 b)触发方式二

四、机床参考点的减速开关

回参考点时,在丝杠运行的全行程内可能会有多个零脉冲产生。在这种情况下,除零脉冲开关以外,一般要在坐标轴相应的位置上安装一硬件挡块与一行程开关,作为参考点减速开关,如图1-9-8所示。

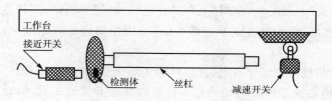

图1-9-8　参考点减速开关的安装

增加减速开关的作用:一是在产生多个零脉冲的情况下,识别具体哪一个零脉冲是参考点所需零脉冲;二是在需精确识别零脉冲的附近以低速进给,其余以较高速度运行而节约时间。

对于一些机床在进给全行程内只有一零脉冲的情况下,可不需要减速开关。若行程特别长时或为了提高返回参考点效率时,也可增加减速开关。此时,增加减速开关目的是在零脉冲附近以低速进给,其余以高速度运行节约时间。

五、返回参考点的方式

数控机床返回参考点有两种方式,使用脉冲编码器的栅格法和使用磁感应开关的磁开关法。由于磁开关法存在定位漂移现象,因此使用较少。根据计量方法的不同,栅格法又分为绝对栅格法和增量栅格法。

1. 增量栅格法

采用增量式编码器或光栅尺回参考点的方法称为增量栅格法。采用增量栅格法来确定参考点的数控机床,其位置反馈元件为增量脉冲编码器,在每次开机时都需进行回参考点操作,使机床各坐标轴回到机床坐标系零点。

(1)工作原理。如图1-9-9所示,当手动或自动回机床参考点时,回归轴首先以正方向快速移动,当挡块碰上参考点接近开关时,开始减速运行。当挡块离开参考点接近开关时,继续以FL(回零减速速度)速度移动。当走到相对编码器的零位时,坐标轴电机停止,并将此零点作为机床的参考点。

机床返回参考点的动作为:

① 将方式开关拨到"回参考点"挡,选择返回参考点的轴,按下该轴正向点动按钮,该轴以快速移动速度移向参考点。

② 当与工作台一起运动的减速挡块压下减速开关触点时,减速信号由通(ON)转为断(OFF)状态,工作台进给会减速,按参数设定的慢速进给速度继续移动。减速可削弱运动部件的移动惯量,使零点停留位置准确。

③ 栅格法是采用脉冲编码器上每转出现一次的栅格信号(又称一转信号PCZ)来确定参考点,当减速挡块释放减速开关,触点状态由断转为通后,数控系统将等待编码器上的第一个栅格信号的出现。该信号一出现,工作台运动就立即停止,同时数控系统发出参考点返回完成信号,参考点灯亮,表明机床该轴回参考点成功。有的数控机床在减速信号由通(ON)转为断(OFF)后,减速向前继续运动。当又脱开开关后,轴的运动方向则向相反的进给方向运动,直到数控系统接收到第一个零点脉冲,轴停止运动。

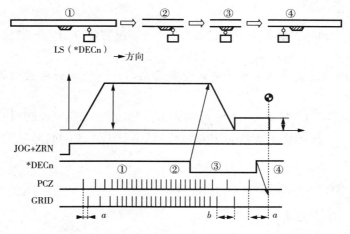

图 1-9-9 增量栅格法回参考点原理

（2）相关参数。相关参数主要有 PRM1002、PRM1821、PRM1850、PRM1815 等,每个参数设定方法如下。

① PRM1002——所有轴返回参考点的方式。

#7	#6	#5	#4	#3	#2	#1	#0
						DLZ	

DLZ:0——返回参考点的方式为通常方式（挡块）,1——使用无挡块设定参考点的方式。

② PRM1821——按电机每转的反馈脉冲数或脉冲数被整数除尽的商值作为参考计数器容量设定。

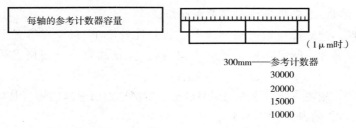

③ PRM1850——设定单位为 0.0001mm 时,应设定检测单位 10 倍的值。

每轴的栅格位移量

④ PRM1815。

#7	#6	#5	#4	#3	#2	#1	#0
		APC	APZ			OPT	

APC:0——使用增量脉冲编码器作为位置检测器,1——使用绝对脉冲编码器作为位置

检测器。

APZ:绝对脉冲编码器的原点位置的设定。0——没有建立,1——已建立(原点建立后,自动变为1)。

OPT:0——用内装式脉冲编码器进行位置检测,1——使用分离式编码器、直线尺进行位置检测。

此外,常用的还有 PRM1005(各轴返回参考点的方式)、PRM1620(快速进给加减速时间常数)、PRM1420(快速进给速度)、PRM1425(FL 速度)、PRM1825(伺服回路增益)等参数。

(3)调整方法。

① 设定参数。

所有轴返回参考点的方式=0;

各轴返回参考点的方式=0;

各轴的参考计数器容量,根据电机每转的回馈脉冲数作为参考计数器容量设定;

是否使用绝对脉冲编码器作为位置检测器=0;

绝对脉冲编码器原点位置的设定=0;

位置检测使用类型=0;

快速进给加减速时间常数、快速进给速度、FL 速度、手动快速进给速度、伺服回路增益依实际情况进行设定。

② 机床重启,回参考点。

③ 由于机床参考点与设定前不同,重新调整每轴的栅格偏移量。

2. 绝对栅格法

采用绝对式脉冲编码器或光栅尺回参考点的方法称为绝对栅格法。绝对栅格法靠驱动存储器电池供电记忆坐标数值,只需首次开机调试时进行回参考点调整,此后每次开机均记录有参考点位置信息,不必再进行回参考点操作。

(1)工作原理。绝对位置检测系统参考点回归比较简单,只要在参考点方式下,按任意方向键,控制轴以参考点间隙初始设置的方向运行,寻找到第一个栅格点后,就把这个点设置为参考点。

(2)相关参数。相关参数主要有 PRM1002、PRM1821、PRM1850、PRM1815、PRM1062等。其中,PRM1062 的设定方法如下:

#7	#6	#5	#4	#3	#2	#1	#0
		ZMI					

ZMI:0——返回参考点间隙初始方向为正,1——返回参考点间隙初始方向为负。

(3)调整方法。

① 设定参数。

所有轴返回参考点的方式=0;

各轴返回参考点的方式=0;

各轴的参考计数器容量,根据电机每转的回馈脉冲数作为参考计数器容量设定;

是否使用绝对脉冲编码器作为位置检测器＝0；

绝对脉冲编码器原点位置的设定＝0；

位置检测使用类型＝0；

快速进给加减速时间常数、快速进给速度、FL速度、手动快速进给速度、伺服回路增益依实际情况进行设定。

② 机床重启，手动回到参考点附近。

③ 是否使用绝对脉冲编码器作为位置检测器＝1；绝对脉冲编码器原点位置的设定＝1。

④ 机床重启。

⑤ 由于机床参考点与设定前不同，重新调整每轴的栅格偏移量。

3．使用磁感应开关的磁开关法

开环系统没有位移检测反馈装置脉冲编码器或光栅尺，所以不会产生栅格信号，通常利用磁感应开关回参考点定位。

如图1－9－10所示为磁开关法返回参考点的原理和过程。快速进给速度参数、慢速进给速度参数、加减速时间常数、偏移量等参数分别由数控系统的相应参数设定。机床返回参考点的动作为：

(1)将方式开关拨到"回参考点"挡，选择返回参考点的轴，按下该轴正向点动按钮，该轴以快速移动速度移向参考点。

(2)当与工作台一起运动的减速挡块压下减速开关触点时，减速信号由通（ON）转为断（OFF）状态，工作台进给会减速，按参数设定的慢速进给速度继续移动。

(3)当减速挡块释放减速开关，触点状态由断转为通后，数控系统将等待感应开关信号的出现。该信号一出现，工作台运动就立即停止，同时数控系统发出参考点返回完成信号，参考点灯亮，表明机床回该轴参考点成功。

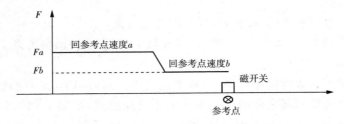

图1－9－10　磁开关法回参考点原理

技能实训

一、实训器材

(1)FANUC Oi系统数控机床综合实训台。

(2)专用连接线。

(3)卷尺或钢直尺。

(4)磁铁表座及百分表（测量行程0～10mm）。

二、实训内容

(1)完成绝对栅格法参考点的设定。

(2)完成一次回参考点操作,仔细观察机床运动,并叙述全过程。

三、实训步骤

1. 参考点的设定

(1)设定数控系统相关参数,使绝对编码器无挡块回参考点方式有效。

1005♯1=1,无挡块参考点功能方式有效。

1815♯4=0,机械位置与绝对位置检测器之间的位置对应关系尚未建立。

1815♯5=1,使用绝对脉冲编码器。

1006♯5=0,进给轴正方向回参考点。

1425 设置为 300~400 之间(设置回参考点 FL 速度)。

(2)切断系统电源,断开主断路器。

(3)把绝对脉冲编码器用导线连接到伺服放大器 CX5X 接口上。

(4)接通系统电源。

(5)用手动连续进给或手轮进给等方式,使机床仅移动电机 1 转以上的距离(微量进给),此时机床的移动速度和移动方向不受限制。

(6)切断一下电源,再接通电源。

(7)选择机床操作面板 JOG 方式。

(8)使工作台先离开参考点,如图 1-9-11a 所示。

(9)按手动进给按钮,使轴按参数 1006♯5 设定的回参考点方向移动,如图 1-9-11b 所示。

(10)把轴移动到欲定为参考点的大约 1/2 栅格之前,如图 1-9-11c 所示。如果移动过头,也可以反方向返回。

(11)按机床操作面板 REF 按钮,选择回参考点方式。

(12)按手动进给按钮(如[+X])时,则以参数 1425 设定的回参考点 FL 速度使工作台沿回参考点方向移动。

(13)到达参考点位置时停止移动,回参考点完毕。同时,1815♯4=1(自动赋值),表明机械位置与绝对位置检测器之间的位置对应关系已经建立,如图 1-9-11d 所示。将参数 1240 设置为参考点距离机床坐标原点距离值,如将 1240 设置为 500,则表明参考点距离机床原点位置为 500mm。

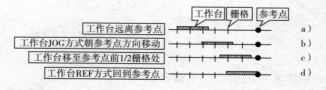

图 1-9-11 利用绝对编码器无挡块方式回参考点

2. 回参考点操作

启动数控系统,将机床工作方式置于手动 JOG 方式,将坐标轴移至合适的位置。然后将机床工作方式置于回参考点 REF 方式（NC 系统启动完毕后即为回参考点 REF 方式,若坐标轴已在合适的位置上,上述步骤可省略）,按坐标轴方向键使机床回参考点,如果选择了错误的回参考点方向,则不会产生运动,给每个坐标轴逐一回参考点,并观察轴运行轨迹。

回参考点的过程可分为三个阶段:阶段一寻找减速阶段;阶段二寻找零脉冲信号;阶段三定位参考点。实训内容如下:

(1)叙述回参考点阶段一寻找减速开关的过程。

(2)叙述回参考点阶段二寻找零脉冲信号的过程。

(3)叙述回参考点阶段三定位参考点的过程。

(4)画出运行过程图,并在图中标出具体行程和速度值。

3. 故障模拟

用实训系统模块上的拨码开关,将 X、Z 零脉冲信号断开,再进行回参考点操作,此时 NC 屏幕上会出现什么报警? 什么时候报警?

四、技能考核

技能考核评价标准与评分细则见表 1-9-1。

表 1-9-1 机床参考点的设置及调试实训评价标准与评分细则

评价内容	配分	考核点	评分细则	得分
实训准备	10	清点实训器材、工具,并摆放整齐	每少一项实训器材扣 3 分,工具摆放不整齐扣 5 分	
操作规范	10	(1)行为文明,有良好的职业操守。 (2)实训完后清理、清扫工作现场	(1)迟到、做其他事酌情扣 10 分以内。 (2)未清理、清扫工作现场扣 5 分	
实训内容	80	(1)机床参考点设置。 (2)回机床参考点步骤。 (3)回参考点的故障诊断	(1)参考点设置不正确 20～30 分。 (2)回参考点操作每错 1 步扣 10 分。 (3)故障诊断错误扣 20～30 分	
工时		120 分钟		

思 考 题

(1)返回参考点的方式有哪几种? 各应用在什么场合?

(2)回参考点的目的是什么?

(3)在回参考点的过程中,若减速开关出现故障,会有什么危险?

任务 1-10　丝杆螺距误差和反向间隙的补偿

【学习目标】
(1)熟悉丝杆螺距误差和反向间隙的测量和计算方法。
(2)熟悉丝杠螺距误差和反向间隙补偿的工作原理。
(3)掌握丝杠螺距误差和反向间隙补偿的调试方法。

相关知识

一、进给传动误差的产生

数控机床进给传动装置一般是由电机通过联轴器带动滚珠丝杆旋转,由滚珠丝杆螺母机构将回转运动转换为直线运动。

1.滚珠丝杠螺母机构的结构

滚珠丝杠螺母机构的工作原理如图1-10-1所示,在丝杠1和螺母4上各加工有圆弧形螺旋槽,将它们套装起来变成螺旋形滚道,在滚道内装满滚珠2。当丝杠相对螺母旋转时,丝杠的旋转面经滚珠推动螺母轴向移动,同时滚珠沿螺旋形滚道滚动,使丝杠和螺母之间的滑动摩擦转变为滚珠与丝杠、螺母之间的滚动摩擦。螺母螺旋槽的两端用回珠管3连接起来,使滚珠能够从一端重新回到另一端,构成一个闭合的循环回路。

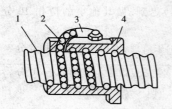
图1-10-1　滚珠丝杠螺母机构
1—丝杠　2—滚珠　3—回珠管　4—螺母

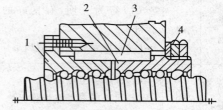
图1-10-2　双螺母螺纹调隙式机构
1、2—单螺母　3—平地键　4—调整螺母

2.滚珠丝杠螺母的误差

螺距误差:丝杠导程的实际值与理论值的偏差。例如,PⅢ级滚珠丝杠副的螺距公差为0.012mm/300mm。

反向间隙:即丝杠和螺母无相对转动时丝杠和螺母之间的最大窜动。由于螺母结构本身的游隙以及其受轴向载荷后的弹性变形,滚珠丝杠螺母机构存在轴向间隙,该轴向间隙在丝杠反向转动时表现为丝杠转动α角,而螺母未移动,则形成了反向间隙。为了保证丝杠和螺母之间的灵活运动,必须有一定的反向间隙,但反向间隙过大将严重影响机床精度。因此,数控机床进给系统所使用的滚珠丝杠副必须有可靠的轴向间隙调节机构。

如图1-10-2为常用的双螺母螺纹调隙式结构,它用平键限制了螺母在螺母座内的转动。调整时,只要拧动圆螺母就能将滚珠螺母沿轴向移动一定距离,在反向间隙减小到规定的范围后将其锁紧。

3. 滚珠丝杠固定轴承间隙的测量与调整

找一粒滚珠置于滚珠丝杠的端部中心,用千分表的表头顶住滚珠,如图1-10-3所示。将机床操作面板上的工作方式开关置于手动方式JOG,按正、负方向的进给键,观察千分表偏差值,该偏差值为滚珠丝杠轴向窜动误差,即丝杠固定轴承的间隙。

如果丝杠轴向间隙过大时,首先松开丝杠端部的锁紧螺母,预紧圆螺母,然后再锁紧固定螺母。

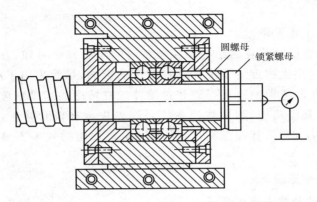

圆螺母
锁紧螺母

图1-10-3 丝杠端部固定轴承间隙的测量和调整

4. 机械传动过程中产生的误差

电机与丝杠的连接有直联、同步带传动和齿轮传动三种连接方式。其中,同步带传动、齿轮传动中的间隙是产生数控机床反向间隙差值的原因之一。

(1)直联。用联轴器将电机轴和丝杠沿轴线连接,其传动比为1:1。该连接方式传动时无间隙。

(2)同步带传动。同步带轮固定在电机轴和丝杠上,用同步带传递扭矩。该传动方式传动比由同步带轮齿数比确定,传动平稳,但有传动间隙。

(3)齿轮传动:电机通过齿轮或齿轮箱将扭矩传到丝杠,传动比可根据需要确定。该方式传递扭矩大,但有传动间隙。

5. 数控系统的控制方式

(1)开环数控系统。没有位置测量装置,信号流是单向的(数控装置到进给系统),故系统结构简单。但由于无位置反馈,机床的控制精度低,容易丢步,适用于经济型数控机床。

(2)半闭环数控系统。在驱动装置(常用伺服电机)或丝杠上安装旋转编码器,采样旋转角度进行位置反馈。因此,其结构简单,不会丢步,但由于不是直接检测运动部件的实际移动位置,机床进给传动链的反向间隙误差和丝杠螺距误差仍然会影响机床的精度,适用于普及型(中档)数控机床。

(3)全闭环数控系统。通过检测元件,直接对运动部件的实际移动位置进行检测,消除了机床进给传动链的反向间隙误差和丝杠螺距误差对机床精度的影响。因此,其控制精度高,但结构复杂、成本高,易形成振荡,调试周期长,适用于高档高精度数控机床。

二、误差补偿

1. 误差补偿的必要性

数控机床的直线轴精度表现在进给轴上主要有三项精度:反向间隙、定位精度和重复定位精度,其中反向间隙、重复定位精度可以通过机械装置的调整来实现,而定位精度在很大程度上取决于直线轴传动链中滚珠丝杠的螺距制造精度。

在数控机床生产制造及加工应用中,在调整好机床反向间隙、重复定位精度后,要减小定位误差,用数控系统的螺距误差补偿功能是最节约成本且直接有效的方法。

采用螺距误差补偿功能的另一个原因是,数控机床长时间使用后,由于磨损,精度可能下降。这样,采用该功能定期测量与补偿可在保持精度的前提下,延长机床的使用寿命。

2. 误差补偿的适用范围

从数控机床进给传动装置的结构和数控系统的控制方法可知,开环、半闭环系统数控机床,其定位精度很大程度上受滚珠丝杠精度的影响,尽管采用了高精度的滚珠丝杠螺母副,但总是存在制造误差。要得到超过滚珠丝杠精度的运动精度,在数控系统中则必须采用螺距误差补偿功能,利用数控系统对误差进行补偿和修正,来保证加工精度。对于全闭环数控系统,由于其控制精度高,采用误差补偿的效果不显著,但也可进行误差补偿。

三、螺距误差补偿原理

1. 螺距误差补偿的基本原理

数控机床软件补偿的基本原理是在机床的机床坐标系中,在无补偿的条件下,在轴线测量行程内将测量行程等分为若干段,测量出各目标位置 P_i 的平均位置偏差 $\bar{x}_i$,把平均位置偏差反向叠加到数控系统的插补指令上,如图 1-10-4 所示。

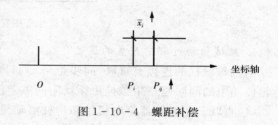

图 1-10-4 螺距补偿

指令要求沿某坐标轴运动到目标位置 P_i,目标实际位置为 P_{ij},该点的平均位置偏差为 $\bar{x}_i$,将该值输入系统,则系统 CNC 在计算时自动将目标位置 P_i 的平均位置偏差 $\bar{x}_i$ 叠加到插补指令上,实际运动位置为:$P_{ij}=P_i+\bar{x}_i$,使误差部分抵消,实现误差的补偿。螺距误差可进行单向和双向补偿,在 FANUC Oi 系统中,每一个进给轴上最多允许设置 128 个等距离的补偿点,而每一个补偿点上的最大补偿量为 +7 个检测单位补偿倍率。

2. 螺距误差补偿的实施步骤

(1)安装高精度位移测量装置。

(2)编制简单程序,在整个行程上,顺序定位在一些位置点上。所选点的数目及距离受数控装置的限制。

(3)记录运动到这些点的实际精确位置。

(4)将各点处的误差标出,形成在不同的指令位置处误差表。

(5)测量多次,取平均值。

(6)将该表输入数控系统,按此表进行补偿。

3. 使用螺距误差补偿时应注意的事项

(1)重复定位精度较差的轴,因无法准确确定其误差曲线,螺距补偿功能无法使用,即该功能无法补偿重复定位误差。

(2)只有建立机床坐标系后,螺距误差补偿才有意义。

(3)由于机床坐标系是靠返回参考点而建立的,因此在误差表中参考点的误差为零。

(4)需采用比滚珠丝杠精度至少高一个数量级的检测装置来测量误差分布曲线,否则没有意义。一般常用激光干涉仪来测量。

四、反向间隙补偿原理

1. 反向间隙补偿的基本原理

反向间隙补偿又称为齿隙补偿。机械传动链在改变转向时,由于反向间隙的存在,会引起伺服电机的空转,而无工作台的实际运动,又称失动。反向间隙补偿原理是在无补偿的条件下,在轴线测量行程内将测量行程等分为若干段,测量出各目标位置 P_i 的平均反向差值 B,作为机床的补偿参数输入系统。CNC 系统在控制坐标轴反向运动时,自动先让该坐标反向运动 B 值,然后按指令进行运动。如图 1-10-5 所示,工作台正向移动到 O 点,然后反向移动到 P_i 点。反向时,电机(丝杆)先反向移动 B,后移动到 P_i 点,该过程 CNC 系统实际指令运动值 L 为:$L = P_i + B$。

反向间隙补偿在坐标轴处于任何方式时均有效。在系统进行了双向螺距补偿时,双向螺距补偿的值已经包含了反向间隙,因此,此时不需设置反向间隙的补偿值。

2. 使用新的反向间隙补偿功能

反射间隙的存在是影响换向点轮廓精度的最主要因素,因此 FANUC 公司针对性地提出三种解决方案。

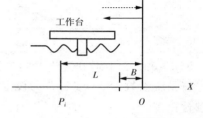

图 1-10-5 反向间隙补偿

(1)常规反向间隙加速功能。用此功能的一般步骤是:

① 设定反向间隙补偿值。参数 1851(间隙补偿值)的设定值为正值,在半闭环时有效;如果是全闭环,可将此参数设为 1,并将系统参数 2006#0(FCBL)设定为 1。在全闭环中,反向间隙设定值不起作用。

② 使用反向间隙加速功能。参数 2048(反向间隙加速范围值)设定为 600,参数 2071(反向间隙加速有效周期)通常设定为 50~100。

③ 如果过切,可加入反向间隙加速停止功能。参数 2009#7(BLST)设为 1,使用反向间隙加速停止功能,参数 2082(反向间隙加速停止时间)设定为 5。

(2)采用新反向间隙加速功能。为适应不同速度的切削条件,以指数形式加入反向间隙加速,效果更好,步骤为:

① 设定反向间隙补偿(系统参数 1851)。

② 使用新反向间隙加速功能,在常规反向间隙加速功能的基础上,设置参数 2009#2(ADLB)为 1,即使新反向间隙加速功能有效。

③ 如果是垂直轴,可调整转矩偏置。参数 2087(转矩偏置)的设定值为 $-830 \times (a+b)$,$(a+b)$ 为带符号的算术值(a、b 为在伺服检测板上检测到的与转矩成比例的电压值,单位为 V)。

(3)两级反向间隙加速功能。该功能可以区分来自电动机或机械上的反向间隙带来的延迟,分别予以加速处理。但此功能调整较为复杂,此处不做赘述。

技能实训

一、实训器材

(1)FANUC Oi 系统数控机床综合实训台。

(2)百分表。

(3)磁力表。

(4)光栅尺数显表。

二、实训内容

(1)反向间隙补偿。

(2)螺距误差补偿。

三、实训步骤

1. 反向间隙补偿

(1)设定参数 1800。

	#7	#6	#5	#4	#3	#2	#1	#0
1800				RBK				

RBK：0——切削/快速进给间隙补偿量不分开，1——切削/快速进给间隙补偿量分开。

将系统参数 1800♯4(RBK)设定为"1"，对系统的切削进给和快速进给的间隙补偿量分别进行控制。

(2)测量进给反向间隙值。

① 手动操作使机床返回到机床参考点。

② 用切削进给速度使机床移动到机床测量点。

指令：G01 X100.0 F300；

③ 安装百分表，将百分表的指针调到 0 刻度位置，如图 1-10-6 所示。

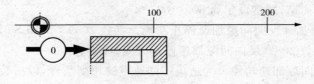

图 1-10-6 机床测量点

④ 用切削进给速度使机床沿相同方向再移动 100mm(即 X200.0 处)，如图 1-10-7所示。

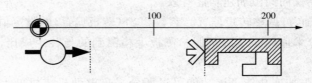

图 1-10-7 机床移动 100mm 位置

⑤ 用相同的切削进给速度从当前点返回到测量点(X100.0)处。

⑥ 读取百分表的刻度值,如图 1-10-8 所示。

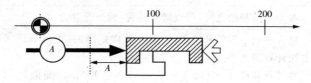

图 1-10-8 机床返回测量点

⑦ 分别测量 X 轴的中间及另一端的间隙值,取 3 次测量的平均值,则为进给间隙的补偿值 A。

(3)测量快速进给反向间隙值。

① 手动操作使机床返回到机床参考点。

② 机床以快移速度移动到机床测量点。

指令:如 G91 G00 X 100.0;。

③ 安装百分表,将百分表的指针调到 0 刻度位置。

④ 用快移速度使机床沿相同方向再移动 100mm。

⑤ 用相同的快移速度从当前点返回到测量点。

⑥ 读取百分表的刻度值。

⑦ 分别测量 X 轴的中间及另一端的间隙值,取 3 次测量的平均值,则为快速进给间隙的补偿值 B。

(4)设置参数 1851 和 1852。

将上面测量出的间隙补偿量 A、B 按机床的检测单位折算成具体数值,将折算后的数值分别设定在系统参数的 1851(切削进给方式的间隙补偿量,参数设定范围:-9999~+9999)和 1852(快移进给方式的间隙补偿量,参数设定范围:-9999~+9999)中。

1851	切削进给方式的间隙量	〔检测单位〕

1852	快速进给方式的间隙量	〔检测单位〕

2. 螺距误差补偿

(1)测量准备。

① 将 Z 轴光栅尺与数显表正确连接。

② 设置滑台的机械坐标系零点以及正负限位。如图 1-10-9 所示,设置正限位为 48,负限位为-257。

(2)设置参数。设置的参数见表 1-10-1。

(3)测量补偿值并记录。

① 在 MDI 方式下,输入"G98 G01 Z-257.0 F300;",按下自动循环按钮,滑台运动至 Z 轴-257mm 位置。

② 输入"G98 G01 Z-255.0 F300;",按下自动循环按钮,滑台运动至 Z 轴-255mm 位置。注意:这一步是为了消除反向间隙误差。

表 1-10-1　螺距误差补偿参数设置表

参数号	设定值	说　明
3620	40	参考点的补偿点号,可以随意设置,例如设置为 40
3621	28	负方向最远端的补偿点号,即在补偿范围内,负向最远端的补偿点号通过如下方法计算得出: 参考点补偿号－(机床负方向行程长度/补偿间隔)＋1＝40－255/20＋1＝28.25,取 28。 注意:机床负方向行程长度要略小于机床负方向限位坐标的绝对值
3622	42	正向最远端的补偿点号,此参数是通过如下方法计算得出: 参考点补偿号＋(机床正方向行程长度/补偿间隔)＝40＋45/20＝42.25,取 42。 注意:机床正方向行程长度要略小于机床正方向限位坐标值
3623	3	补偿倍率,因为 FANUC 系统的螺距补偿画面的设置值为－7 至＋7 之间,所以需要设置倍率。例如补偿值为 14 时,可设置补偿倍率为 2,则补偿画面设置 7,即 2×7＝14。该值要在测量完毕后根据补偿值来确定
3624	20	补偿点的间隔,根据实际机床工作台长度设置,本次设置为等距离间隔为 20mm
11350♯5	1	补偿画面显示轴号,如图 1-10-10 所示中的"Z"表示 Z 轴补偿的起始点,若此参数设置为"0",则不显示"Z"

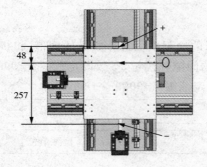

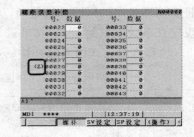

图 1-10-9　滑台机械坐标系零点及正负限位设置　　图 1-10-10　螺距误差补偿画面

③ 按下[单步]软键,把光栅尺数显表清零,输入"G98 G01 W20.0 F300;",按下自动循环按钮,滑台向 Z 轴正方向运动 20mm,记录数显表读数后清零,再次运行以上程序,记录各次读数填入表 1-10-2 中。

表 1-10-2　螺距误差补偿表

补偿点号	补偿位置	测量值	补偿值	3623＝3 时
28	－235.000	20.018	－0.018	－6
29	－215.000	20.016	－0.016	－5
30	－195.000	20.018	－0.018	－6
31	－175.000	20.006	－0.006	－2

补偿点号	补偿位置	测量值	补偿值	3623＝3 时
32	−155.000	20.000	0	0
33	−135.000	19.993	0.007	2
34	−115.000	19.991	0.009	3
35	−95.000	19.993	0.007	2
36	−75.000	19.990	0.010	3
37	−55.000	19.992	0.008	3
38	−35.000	19.993	0.007	2
39	−15.000	19.995	0.005	2
40	5.000	19.992	0.008	3
41	25.000	19.995	0.005	2
42	45.000	20.001	−0.001	0

(4)输入补偿值,再次测量,观察补偿效果。

四、技能考核

技能考核评价标准与评分细则见表 1−10−3。

表 1−10−3　丝杆螺距误差和反向间隙的补偿实训评价标准与评分细则

评价内容	配分	考核点	评分细则	得分
实训准备	10	清点实训器材、工具,并摆放整齐	每少一项实训器材扣 3 分,工具摆放不整齐扣 5 分	
操作规范	10	(1)行为文明,有良好的职业操守。 (2)实训完后清理、清扫工作现场	(1)迟到、做其他事酌情扣 10 分以内。 (2)未清理、清扫工作现场扣 5 分	
实训内容	80	(1)反向间隙补偿。 (2)螺距误差补偿	(1)反向间隙补偿操作不正确 20~30 分。 (2)误差补偿操作不正确扣 20~30 分	
工时			120 分钟	

※※※

思　考　题

(1)进给丝杠反向间隙如何测量? 如果反向间隙大时,如何调整和参数补偿?

(2)若数控系统配置有光栅反馈,还需要进行丝杠螺距误差补偿吗? 为什么?

※※※

任务 1-11 外围机床故障模拟与诊断

【学习目标】

(1)了解数控机床报警的产生流程。

(2)熟悉数控机床最基本的外围报警构成。

相关知识

(1)外围机床报警,是确保机床安全运行的必要因素,通常由安装在各相关位置上的传感器来完成的。当机床的运动使某一传感器动作时,传感器(如行程开关)将电压信号送至某一 PLC 输入地址,使得该地址的电平产生变化。当该变化满足 PLC 程序所规定的报警条件时,机床运动被干预(干预的程度视报警信号的严重程度而定),显示屏上出现报警号与报警内容。

(2)报警号是通过 PLC 程序激活某一位信息显示请求地址位(地址 A0 到 A24)而产生的,报警内容则通过编辑信息数据表来实现。

(3)本实训系统外围 I/O 信号的分布情况可参见拨码开关表。

(4)本实训装置设置了几组典型的机床报警,机床报警数目由机床本身的复杂程度和部件的多少等因素来决定。

技能实训

一、实训器材

(1)FANUC Oi 数控机床综合实训系统。

(2)万用表。

二、实训内容

(1)故障模拟。

(2)故障设置与诊断。

三、实训步骤

(1)故障模拟

利用 FANCUC Oi 数控机床综合实训系统的 I/O 单元上的拨码开关,断开或接通相应的 I/O 信号,模拟出机床外围故障报警,并观察各故障对机床运行的影响。

(1)给系统上电,各坐标回参考点,将机床工作方式置于 MDI 状态。运行程序使刀架旋转至所要求的刀位(如一号刀位)。

(2)刀架运行实训。在拨码开关处断开三号刀位检测开关,执行程序 T3(即换刀至三号刀位),观察刀架的运行情况;若在刀架运行时将拨至接通位置,再观察刀架的运行情况,试分析这种现象产生的原因。换至另一刀位,重复同样的实训,进一步验证,并试述原因。

(3)超程及超程复位。将机床工作方式置于 JOG 方式,用拨码开关将限位信号断开,观察此时 NC 屏幕上会出现 2000 号报警（X 轴正向硬件限位报警），然后将限位信号接通，按下超程复位键，报警取消。

（4）回参考点。将拨码开关上的回参考点信号开关拨至正确位置，使其呈闭合状态，将工作方式置于 REF 回参考点方式，按动［＋X］或［＋Z］，使机床回参考点，观察机床回参考点的动作过程。

将拨码开关上的回参考点信号开关拨离正确位置，使其呈断开状态（注意：此操作前须确保机床限位开关正常），将工作方式置于 REF 回参考点方式，按动［＋X］或［＋Z］，使机床回参考点，观察此时机床回参考点的动作与上次有什么不同。

（5）紧急停止与复位。分别在机床停止和运动时按下紧急停止旋钮，观察机床的反应；松开紧急停止按钮，用复位键复位报警。

2. 故障设置与诊断

老师预先设置一些故障，然后让学生进行故障的分析与排除。

四、技能考核

技能考核评价标准与评分细则见表 1-11-1。

表 1-11-1　外围机床故障模拟与诊断实训评价标准与评分细则

评价内容	配分	考核点	评分细则	得分
实训准备	10	清点实训器材、工具，并摆放整齐	每少一项实训器材扣 3 分，工具摆放不整齐扣 5 分	
操作规范	10	（1）行为文明，有良好的职业操守。 （2）实训完后清理、清扫工作现场	（1）迟到、做其他事酌情扣 10 分以内。 （2）未清理、清扫工作现场扣 5 分	
实训内容	80	（1）外围机床故障模拟。 （2）外围机床故障诊断	（1）故障模拟操作，每错一处扣 20 分。 （2）故障分析诊断，每错一处扣 20 分	
工时		90 分钟		

※※※

思　考　题

（1）当机床出现超程限位报警时，采取怎样的步骤消除报警？

（2）当在 MDI 方式用程序寻找某一刀号时，刀台一直旋转不停，始终找不到刀具，一般是由什么原因引起的？

※※※

任务 1-12 数控机床的故障诊断与维修

【学习目标】

(1)掌握数控系统的调试和参数设置方法。

(2)提高系统调试中故障的分析及处理能力。

(3)会对数控机床的故障进行诊断与维修。

相关知识

数控机床故障诊断与维修的基本步骤为:故障记录→现场检查→故障分析→故障排除。数控机床出现故障时,首先应通过故障记录和现场检查,了解故障的基本情况(如什么时候发生的故障、发生故障时进行了什么操作、故障的现象是什么等);接着应对故障进行综合分析,从而确定故障的原因,找到故障点;最后进行妥善的处理,恢复机床的正常工作。

数控机床的故障诊断与维修是综合能力要求比较高的实训,要求对数控系统有较深刻的了解、有较强的动手能力和分析能力、熟悉数控系统 PMC 编辑软件、掌握 PMC 梯形图编辑语法。在进行本任务的实训前必须认真阅读《FANUC Oi 操作说明书》、《FANUC Oi 参数说明书》、《FANUC Oi 维修说明书》和《PMC 梯形图语言编程说明书》。

技能实训

一、实训器材

(1)FANUC Oi 系统数控机床综合实训台。

(2)专用连接线。

(3)万用表。

(4)螺丝刀等常用工具。

二、实训要点

(1)用 CNC 的状态显示来确认故障原因。

(2)用 CNC 诊断功能确认内部状态。

三、实训内容

(1)数控系统不能进行手动和自动运行。

(2)数控系统不能进行手动运行。

(3)数控系统不能进行手轮运行。

(4)数控系统不能进行自动运行。

(5)数控系统主轴不能进行运行。

四、实训步骤

根据上述实训内容,进行数控机床的故障分析及处理。

1. 数控系统不能进行手动和自动运行

数控系统不能进行手动与自动运行时,可从以下两方面分别进行故障的分析和处理。

(1)位置显示全都不改变

若数控系统不能进行手动与自动运行,且位置显示(相对坐标、绝对坐标、机械坐标)内容全都不改变,可根据 CNC 的状态显示或用 CNC 的 000~015 号诊断功能来进行故障的分析和处理。

1)确认 CNC 状态显示(详细请参照状态显示的内容)。

① 处于急停状态(紧急停止信号为 ON)。因为当画面显示 EMG 时,已经输入了紧急停止信号,可以用 PMC 的诊断功能(PMCDGM)确认下述信号:

	#7	#6	#5	#4	#3	#2	#1	#0
X1008				* ESP				

	#7	#6	#5	#4	#3	#2	#1	#0
G0008				* ESP				

* ESP:0——紧急停止信号被输入。

② 处于复位状态(复位信号为 ON)。当显示"RESET"时,因为任意一个复位都起作用,可利用 PMC 的诊断功能(PMCDGN)确认下述信号:

Ⅰ 正在执行从 PMC 输出的信号。

	#7	#6	#5	#4	#3	#2	#1	#0
G0008	ERS	RRW						

Ⅱ MDI 键盘的 RESET 键在动作。当前一项 Ⅰ 的信号为 OFF 时,RESET 键可能动作,可用万用表检测 RESET 的接点,有异常时,更换键盘。

③ 确认方式选择的状态显示。在界面的下部,应显示方式状态,若不显示,则方式选择信号输入不正确,用 PMC 侧的诊断功能(PMCDGN)可以确认方式选择信号。

界面上显示方式状态的含义:JOG——手动连续进给(JOG)方式;HND——手轮(MPG)方式;MDI——手动数据输入(MDI)方式;MEM——自动运行(存储器)方式;EDIT——存储器编辑方式。方式选择信号的格式为:

	#7	#6	#5	#4	#3	#2	#1	#0
G0043						MD4	MD2	MD1

MD4、MD2、MD1:1、0、1——JOG 方式;1、0、0——手轮(MPG)方式;0、0、0——手动数据输入(MDI)方式;0、0、1——自动运行(存储器)方式;0、1、1——EDIT(存储器编辑)方式。

2)用 CNC 的 000~015 号诊断功能来确认。如图 1-12-1 所示,检查各项右端显示为 1 得项目。图 1-12-1 中的 a~d 项与手动、自动运行有关,详细情况如下:

号	信息	显示
000	WAITING FOR FIN SIGNAL	: 0
001	MOTION	: 0
002	DWELL	: 0
a. 003	IN–POSITION CHECK	: 0
004	FEEDRATE OVERRIDE 0%	: 0
b. 005	INTERLOCK/START LOCK	: 1 (例)
006	SPINDLE SPEED ARRIVAL CHECK	: 0
010	PUNCHING	: 0
011	READING	: 0
012	WAITING FOR(UN)CLAMP	: 0
c. 013	JOG FEEDRATE OVERRIDE 0%	: 0
d. 014	WAITING FOR RESET,ESP,RRW OFF	: 0
015	EXTERNAL PROGRAM NUMBER SEARCH	: 0

图 1-12-1　诊断功能(与手动运行有关的为 a～d 项)

① a——正在进行到位检查。这表示轴移动(定位)还没有结束,所以确认一下诊断号的内容。在下面条件下,显示为"1"。

诊断号0300	位置偏差量	＞参数No.1826	到位宽度

Ⅰ 按参数表确认参数的设定值。

1825	每轴伺服回路增益	(标准值:3000)

Ⅱ 伺服系统可能异常,参照伺服报警 400、410、411 各项内容进行检查。

② b——输入了互锁或起动锁住信号。互锁功能有多种,机床使用了哪种互锁功能,可从下面参数的设定中确认。

	#7	#6	#5	#4	#3	#2	#1	#0
3003				DAU	DIT	ITX		ITL

ITL:0——互锁信号(* IT)有效。

ITX:0——互锁信号(* ITn)有效。

DIT:0——互锁信号(±MITn)有效。

DAU:0——互锁信号(±MITn)即是自动方式也有效。

用 PMC 的诊断功能(PMCDGN)来确认激活的互锁信号。

Ⅰ 互锁信号(* IT)被输入。

	#7	#6	#5	#4	#3	#2	#1	#0
G0008								* IT

* IT:0——互锁信号输入。

Ⅱ 互锁信号(* ITn)被输入。

	#7	#6	#5	#4	#3	#2	#1	#0
G0008					* IT4	* IT3	* IT2	* IT1

ITn:0——互锁信号输入。

Ⅲ 互锁信号(±MITn)被输入。

T 系列：在 T 系列中，只有在手动运行时，±MITn 有效。

	#7	#6	#5	#4	#3	#2	#1	#0
G0008			−MIT2	+MIT2	−MIT1	+MIT1	+MIT2	

MITn:1——与轴方向对应的互锁信号被输入。

③ c——手动进给速度倍率变为零。用 PMC 的诊断功能(PMCDGN)确认信号。

	#7	#6	#5	#4	#3	#2	#1	#0
G0010	JV7	JV6	JV5	JV4	JV3	JV2	JV1	JV0

	#7	#6	#5	#4	#3	#2	#1	#0
G0011	JV15	JV14	JV13	JV12	JV11	JV10	JV9	JV8

当倍率为 0%时，上述地址的全部为(1111~1111)或(0000~0000)，见图 1-12-1。

图 1-12-1　手动进给速度倍率

*JV15 ··················· *JV0	倍率
1111　1111　1111　1111	0.00%
1111　1111　1111　1110	0.01%
⋮	⋮
1101　1000　1110　1111	100.00%
⋮	⋮
0000　0000　0000　0001	655.34%
0000　0000　0000　0000	0.00%

④ d——NC 为复位状态。在此状态，也是在状态栏显示"RESET"，参照 b 项检查。

(2)位置显示的机械坐标不更新

若数控系统不能进行手动与自动运行，且位置显示的机械坐标不更新，但相对坐标和绝对坐标可以改变，则故障的原因是输入了机床锁住信号(MLK)，可检查下面的机床锁住参数：

	#7	#6	#5	#4	#3	#2	#1	#0
G0044							MLK	

	#7	#6	#5	#4	#3	#2	#1	#0
G0108					MLK4	MLK3	MLK2	MLK1

其中，MLK:机床全轴锁住；MLKn:机床各轴锁住。各信号为 1 时，机床锁住信号被输入。

2. 数控系统不能进行手动运行

数控系统不能进行手动运行，且位置显示(相对坐标、绝对坐标、机械坐标)内容全都不

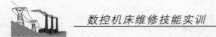

改变,可根据下述几个方面进行故障的分析和处理。

(1)确定方式选择的状态显示。若在状态显示上显示 JOG,则为正常;若没有显示,则下述方式选择信号不对,用 PMC 侧的诊断功能(PMCDGN)确认"方式选择信号":

	#7	#6	#5	#4	#3	#2	#1	#0
G0043						MD4	MD2	MD1

MD4、MD2、MD1:1、0、1(JOG 方式)。

(2)没有输入进给轴的方向选择信号,用 PMC 侧的诊断功能(PMCDGN)确认信号。

	#7	#6	#5	#4	#3	#2	#1	#0
G0100					+J4	+J3	+J2	+J1

	#7	#6	#5	#4	#3	#2	#1	#0
G0102					−J4	−J3	−J2	−J1

其中,+J1、+J2、+J3、+J4、−J1、−J2、−J3、−J4:1——进给轴的对应方向选择被输入。

例如,正常时,按操作面板上的[+X]键,信号+J1 显示 1。此信号当检测出信号的上升沿后为有效。所以在 JOG 方式选择以前,方向选择信号被输入时,不能进行轴的移动,将此信号断开后再接通。

(3)用 CNC 的 000～015 号诊断功能来确认。如图 1-12-1 所示,其检查和处理方法与前面的实训内容相同。

(4)手动进给速度(参数)不正确,可查看下面的参数是否正确:

1423	每轴 JOG 进给的速度参数

(5)选择手动每转进给(只有 T 系列)。在主轴运转时,进给轴与主轴同步运转的功能中,是否使用本功能由选择下面的参数来决定。

	#7	#6	#5	#4	#3	#2	#1	#0
G0008					JRV			−IT

JRV:0——不进行手动每转进给,1——进行手动每转进给。

① 设定 1 时,因要按主轴同步运转计算轴的进给速度,所以应使主轴运转。

② 当主轴运转后,而进给轴不移动时,应检查安装在主轴侧的检测器(位置编码器)及编码器和 CNC 间的电缆是否断线、短路等。

(6)指定一个轴为分度轴。对于指定的分度轴(B 轴),JOG 进给、增量进给及手轮进给都不能执行。

3. 数控系统不能进行手轮运行

数控系统手轮操作不能进行的可能原因有:伺服没有激活(没准备好);手摇脉冲发生器没有正确连接到内装 I/O 接口或 I/O 模块;内装 I/O 接口或 I/O 模块的 I/O Link 没有分配或没有正确分配;由于参数设定错误而使相关信号没有输入。

(1)伺服没有激活

检查伺服放大器上的 LED 显示是否为"0"。如果显示"0"以外的数字,则伺服没有激活。在这种情况下，即使 JOG 和自动运行也不能被执行。检查和伺服相关参数和连接。

（2）检查手摇脉冲发生器

① 电缆故障——检查电缆是否断路或短路。

② 手摇脉冲发生器故障——当旋转手摇脉冲发生器，应产生信号。使用示波器，从位于手摇脉冲发生器后面的端子上测量，如果没有信号输出，检查＋5V 电压。

（3）检查 I/O 模块的 I/O Link 分配情况

如果 I/O 模块的 I/O Link 没有分配或没有正确分配（对 Oi－B 包括内装 I/O 板），手轮的脉冲没有传送到 CNC 中，导致不能执行手轮运行。I/O 模块的规格见图 1－12－2。

图 1－12－2　I/O 模块的规格

名　称	规　格
内装 I/O 板（仅 Oi－B 系列）	A16B－3200－0500
对连接器面板 I/O 模块（扩展模块 A）	A03B－0815－C002
对操作面板 I/O 模块（支持矩阵输入）	A20B－2002－0470
操作面板 I/O 模块	A20B－2002－0520
机床操作面板主面板 B	A20B－2036－0231
机床操作面板主面板 B1	A20B－2036－0241

如果分配在 O 组连接器面板的 I/O 模块不能使用手轮，而 I 组面板的 I/O 模块手脉接口有效。可在分配编辑画面确认分配情况：从 PMC 画面选择［EDIT］软键，接着选择［MODULE］软键，则可显示分配编辑画面。

编辑分配结束后，应在 I/O 画面写入改变的值。否则，电源关断后，将会丢失改变的值。

分配合理地完成后，当手轮旋转，则在相应的输入地址信号（X）的位会有加/减计数，从 PMC 画面选择［PMCDJN］软键以及［STATUS］软键以显示相应的地址，旋转手脉检查该位的加/减计数。

（4）检查参数和输入信号

① 在 CRT 屏显的左下角检查 CNC 状态显示。当状态显示 HND，方式选择正确。如果不是 HND，则方式选择信号没有正确输入。使用 PMC 的诊断功能（PMCDGN）检查"方式选择信号"：

	#7	#6	#5	#4	#3	#2	#1	#0
G0043						MD4	MD2	MD1

MD4、MD2、MD1：1、0、1（MPG 方式）。

② 没有输入手轮进给轴选择信号，查看下面的参数：

	#7	#6	#5	#4	#3	#2	#1	#0
G0018	HS2D	HS2C	HS2B	HS2A	HS1D	HS1C	HS1B	HS1A

如果选择了机床操作面板的手轮进给选择开关，上述信号如图 1－12－3 所示被输入，

则为正常。

图 1 - 12 - 3　手轮进给轴选择信号

选择轴	HS1D	HS1C	HS1B	HS1A
无选择	0	0	0	0
第 1 轴	0	0	0	1
第 2 轴	0	0	1	0
第 3 轴	0	0	1	1
第 4 轴	0	1	0	0

③ 手轮进给倍率选择不正确。用 PMC 的 PCDGN 来确认信号,根据参数清单确认以下的相关参数。手轮方式时,每步移动距离可以改变。

	#7	#6	#5	#4	#3	#2	#1	#0
G0019			MP2	MP1				

MP2、MP1:0、0——×1(倍率),0、1——×10(倍率),1、0——×M(倍率),1、1——×N(倍率)。

	#7	#6	#5	#4	#3	#2	#1	#0
7102								HNGx

HNGx:0——相同方向(手摇脉冲发生器的旋转方向和机械移动方向相同),1——相反方向(手摇脉冲发生器的旋转方向和机械移动方向相反)。

④ 指定轴是分度工作台的分度轴。M 系列数控系统对分度工作台轴(B 轴)、手动进给、增量进给、手摇脉冲发生器进给不能执行。

4. 数控系统不能进行自动运行

当数控系统不能自动运行时,若手动运行也不能动作,则可参照前面的实训内容进行检查。若手动运行可以动作,只是不能进行自动运行,则可根据 CNC 状态显示的方式选择状态的内容,确认方式选择是否正确;并且,确认在自动运行状态时的自动运行是否可以起动、暂停、停止。

(1)自动运行不能起动,CRT 画面下的 CNC 状态显示为"＊＊＊＊"。故障原因分析与处理如下:

① 方式选择信号不正确。当正确输入了机床操作面板上的方式选择信号时,显示内容为:

MDI:手动数据输入(MDI)方式。

MEM:存储器运行方式。

RMT:远程运行方式。

当不能正确显示时,利用 PMC 的诊断功能(PMCDGN)确认下面的状态信号。

	#7	#6	#5	#4	#3	#2	#1	#0
G0043			DNC1			MD4	MD2	MD1

DNC1、MD4、MD2、MD1:0,0,0,1——自动运行(MEM)方式。

DNC1、MD4、MD2、MD1:1,0,0,1——远程运行方式。

② 没有输入自动运行启动信号。按下自动运行起动按钮时为"1",松开此按钮时为"0",信号从"1"到"0"变化时,起动自动运行,利用 PMC 的诊断功能(PMCDGN),确认信号的状态:

	#7	#6	#5	#4	#3	#2	#1	#0
G0007						ST		

ST:自动运行起动信号。

③ 输入了自动运行暂停(进给暂停)信号。若没有按下自动运行暂停按钮时为"1"的话,是正常的,利用 PMC 的诊断功能(PMCDGN),确认信号的状态:

	#7	#6	#5	#4	#3	#2	#1	#0
G0008			* SP					

＊SP:自动运行起动信号。

(2)自动运行不能起动,但起动灯亮,CRT 画面下边 CNC 状态显示为"STRT"。故障原因分析与处理如下:

1)确认 CNC 诊断号 000～015 所显示的内容。如图 1-12-2 所示,图中的 a～i 项与自动运行有关,详细情况如下:

	号	信息	显示
a.	000	WAITING FOR FIN SIGNAL	: 1 ◄—(例)
b.	001	MOTION	: 0
c.	002	DWELL	: 0
d.	003	IN-POSITION CHECK	: 0
e.	004	FEEDRATE OVERRIDE 0%	: 0
f.	005	INTERLOCK/START LOCK	: 0
g.	006	SPINDLE SPEED ARRIVAL CHECK	: 0
	010	PUNCHING	: 0
	011	READING	: 0
	012	WAITING FOR(UN)CLAMP	: 0
h.	013	JOG FEEDRATE OVERRIDE 0%	: 0
i.	014	WAITING FOR RESET,ESP,RRW OFF	: 0
	015	EXTERNAL PROGRAM NUMBER SEARCH	0

图 1-12-2 诊断功能(与自动运行有关的为 a～i 项)

① a——在执行辅助功能(等待结束信号),这是程序中指令的辅助功能(M/S/T/B)没有结束的状态,按以下顺序进行检查。

首先确认辅助功能的接口的种类。

	#7	#6	#5	#4	#3	#2	#1	#0
3001	MHI							

MHI:0——M/S/T/B 功能为普通接口,1——M/S/T/B 功能为高速接口。

Ⅰ 普通接口。辅助功能结束信号从"1"变为"0",则辅助功能结束了。读取下个程序段。用 PMC 的诊断功能(PMCDGN)确认信号状态:

	#7	#6	#5	#4	#3	#2	#1	#0
G0004				FIN				

FIN:辅助功能结束信号。

Ⅱ 高速接口。当达到下述状态时,辅助功能结束。用 PMC 的诊断功能(PMCDGN)确认信号状态。

T 系列:

	#7	#6	#5	#4	#3	#2	#1	#0
G0005				BFIN	TFIN	SFIN		MFIN

MPIN:M 功能结束信号;SFIN:S 功能结束信号;TFIN:T 功能结束信号;BFIN:第 2 辅助功能结束信号。

	#7	#6	#5	#4	#3	#2	#1	#0
G0007				BF	TF	SF		MPIN

MPIN:M 功能选通脉冲信号;SF:S 功能选通脉冲信号;TF:T 功能选通脉冲信号;BF:第 2 辅助功能选通脉冲信号。

M 系列/T 系列通用:

	#7	#6	#5	#4	#3	#2	#1	#0
G0004			MFIN3	MFIN2				

MFIN2:第 2M 功能结束信号;MFIN3:第 3M 功能结束信号。

	#7	#6	#5	#4	#3	#2	#1	#0
G0004			MF3	MF2				

MF2:第 2M 功能选通脉冲信号;MF3:第 3M 功能选通脉冲信号。注意:第 2M、第 3M 功能只有在参数 M313(NO.3404♯7)为 1 时有效。

② b——正在执行自动运行中的轴移动指令,读取程序中轴移动指令(X,Y,Z……),并给相应的轴发指令。

③ c——正在执行自动运行中的暂停,读取程序中的暂停指令(G04),执行暂停指令。

④ d——正处在到位检测(确认定位)中,表示指定轴的定位(G00)还没有到达指令位置。定位是否结束,要用 CNC 的诊断功能来确认,检查伺服的位置偏差量来确认。

诊断号0300	位置偏差量	>参数No.1826	到位宽度

轴定位结束时,位置偏差量几乎为 0,若其值在参数设定的到位宽度之内,则定位结束,执行下个程序段。若其值不在到位宽度之内,则出现报警,请参照伺服报警 400、410、411 项进行检查。

⑤ e——进给速度倍率为 0%。对于程序指令的进给速度,用下面的倍率信号计算实际

的进给速度。利用 PMC 的诊断功能(PMC DGN)确认信号的状态。

倍率信号:

	#7	#6	#5	#4	#3	#2	#1	#0
G0012	* FV7	* FV6	* FV5	* FV4	* FV3	* FV2	* FV1	* FV0

*FVn:切削进给倍率。

倍率信号的状态,见表 1 - 12 - 4。

表 1 - 12 - 4 倍率信号的状态

*FV7 ············ *FV0	倍率
1 1 1 1 1 1 1 1	0%
1 1 1 1 1 1 1 0	1%
⋮	⋮
1 0 0 1 1 0 1 1	100%
⋮	⋮
0 0 0 0 0 0 0 1	254%
0 0 0 0 0 0 0 0	0%

⑥ f——已输入了互锁(禁止轴移动、起动锁住)信号。其检查和处理方法与前面的实训内容相同。

⑦ g——等待输入主轴速度到达信号。这是表示实际转速没有到达程序中指令的主轴转速。用 PMC 诊断功能(PMCDGN)确认信号状态,SAR 为“0”时,主轴转速没有到达指令转速。

⑧ h——手动进给速度倍率为“0”(只在空运行时使用)。通常手动进给速度倍率功能在手动连续进给(JOG)时使用。但在自动信号运行中,空运行 DRN 为“1”时,用下面参数设定的进给速度与用本信号设定的倍率值计算的进给速度有效。

	#7	#6	#5	#4	#3	#2	#1	#0
G0046	DRN							

DRN 为“1”时,空运行信号被输入。

1410	各轴的空运行速度

⑨ i——用 PMC 的诊断功能(PMCDGN)确认信号,其检查和处理方法与前面的实训内容相同。

5. 数控系统主轴不能运行

当数控系统主轴不能自动运行时,若手动运行也不能动作,则可参照前面的实训内容进行检查。若手动运行可以动作,只是主轴不能进行自动运行,则可根据 CNC 状态显示的方式选择状态的内容,确认方式选择是否正确,并且确认在自动运行状态时的主轴自动运行是否可以起动、暂停、停止。

(1)自动运行不能起动,CRT 画面下的 CNC 状态显示为“＊＊＊＊”。

① 方式选择信号不正确。其检查和处理方法与前面的实训内容相同。

② 输入主轴运行停止信号。按下主轴运行启动按钮时为"1",松开此按钮时为"0",信号从"1"到"0"变化时,起动主轴运行,所以利用 PMC 的诊断功能(PMCDGN),确认信号的状态。

	#7	#6	#5	#4	#3	#2	#1	#0
G0029		*SSTP						

*SSTP:主轴运行停止信号。

M 系列:

	#7	#6	#5	#4	#3	#2	#1	#0
G0028			*SCPE	*SUCPF				

*SCPF:主轴夹紧完成信号;*SUCPF:主轴松开信号。

③ 没有输入自动运行启动信号。其检查和处理方法与前面的实训内容相同。

(2)自动运行不能起动,但起动灯亮,CRT 画面下边 CNC 状态显示为"STRT"。故障原因分析与处理:确认 CNC 诊断号 000～015 所显示的内容。

① 在执行辅助功能(等待结束信号)。其检查和处理方法与前面的实训内容相同。

② 主轴速度倍率为 0%。对于程序指令的主轴速度,用下面的倍率信号计算实际的主轴速度。利用 PMC 的诊断功能(PMCDGN)确认信号的状态。

倍率信号:

	#7	#6	#5	#4	#3	#2	#1	#0
G0030	SOV7	SOV6	SOV5	SOV4	SOV3	SOV2	SOV0	SOV0

SOVn:主轴速度倍率。

③ 等待输入主轴速度到达信号。这是表示实际转速没有到达程序中指令的主轴转速。用 PMC 诊断功能(PMCDGN)确认信号状态。

	#7	#6	#5	#4	#3	#2	#1	#0
G0020				SAR				

SAR:0:主轴转速没有到达到指令转速。

④ 模拟主轴输入的辅助功能。在模拟主轴孔中,辅助正反转功能控制主轴。

	#7	#6	#5	#4	#3	#2	#1	#0
3706	TCW	CWM						

TCW、CWM:0,0——M03、M04 相同模拟电压(+);0,1——M03、M04 相反模拟电压(-);1,0——M03(+)、M04(-);1,1——M03(-)、M04(+)。

⑤ 与主轴有关的参数。

T 系列:

3741	齿轮 1 的主轴最大转速(1～9999)(min＞-1)

3742	齿轮 2 的主轴最大转速（1～9999）（min＞－1）
3743	齿轮 3 的主轴最大转速（1～9999）（min＞－1）
3744	齿轮 4 的主轴最大转速（1～9999）（min＞－1）

五、技能考核

技能考核评价标准与评分细则见表 1－12－5。

表 1－12－5 数控机床的故障诊断与维修实训评价标准与评分细则

评价内容	配分	考核点	评分细则	得分
实训准备	10	清点实训器材、工具，并摆放整齐	每少一项实训器材扣 3 分，工具摆放不整齐扣 5 分	
操作规范	10	(1)行为文明，有良好的职业操守。 (2)实训完后清理、清扫工作现场	(1)迟到、做其他事酌情扣 10 分以内。 (2)未清理、清扫工作现场扣 5 分	
实训内容	80	(1)故障原因的分析。 (2)故障处理	(1)原因分析不正确，酌情扣 30～40 分。 (2)故障处理不正确，酌情扣 30～40 分	
工时	240 分钟			

※ ※

思 考 题

根据实训内容写出实训报告。

※ ※

项目二 华中数控系统实训

任务 2-1 华中数控系统综合实训台的认知

【学习目标】

(1) 了解华中数控系统综合实训台的组成。

(2) 熟悉华中数控系统综合实训台的功能。

(3) 熟悉各部分之间的信号传输及其控制关系。

(4) 掌握数控系统实训台的基本操作。

相关知识

一、华中数控系统综合实训台的组成

图 2-1-1 为 HED-21S 数控系统综合实训台组成框图。HED-21S 型数控系统综合实训台的主要部件有:HNC-21TF 型数控装置、日立变频器及三相异步电动机、三洋交流伺服驱动器及交流伺服电动机、雷塞步进电动机驱动器及步进电动机、工作台、四工位刀架、光栅尺、磁粉制动器及数控机床常用的电气元器件(如低压断路器、接触器、开关电源、变压器、输入/输出转接板等)。

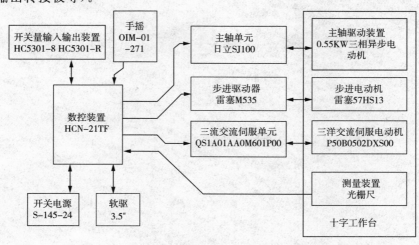

图 2-1-1 HED-21S 数控系统综合实训台组成框图

HED—21S 型数控系统综合实训台的主要功能：数控系统的编程,数控系统的电气设计、安装、调试与维修,数控系统的元器件选用、电气布局、安装及电气调试,内置式可编程逻辑控制器的调试、编写与编译,数控系统的自行设计、组合安装与调试等。

HED—21S 型数控系统综合实训台的主要参数如表 2－1－1 所示。

表 2－1－1　HED－21S 型数控系统的主要参数

项　　目	单　位	参　数
工作台纵向移动最大距离	mm	200
工作台横向移动最大距离	mm	200
工作台(宽×长)	mm	220×300
工作台最大承载重量	kg	≥80
主电动机功率	kw	0.55
主轴转速范围	rmp	100～1390(变频,无级)
进给电动机扭矩	N.m	1.3
	N.m	0.64
车刀刀杆最大尺寸(宽×高)	mm	20×20
刀架刀位数	位	4
刀架转位的定位精度	mm	±0.01
数控系统	HNC—21TF 华中世纪星数控系统	

1. 计算机数控装置(CNC 装置)

CNC 装置是计算机数控系统的核心,它包括微处理器 CPU、存储器、局部总线、外围逻辑电路以及与 CNC 系统其他组成部分联系的接口及相应的控制软件。华中世纪星数控装置内置嵌入式工业 PC 机,配置 7.7″彩色液晶屏和通用工程面板,集进给轴接口、主轴接口、手持单元接口、内嵌式 PLC 于一体,可自由选配各种类型的脉冲接口、模拟接口的交流伺服单元或步进电动机驱动器。

(1)操作面板。操作面板是操作人员与机床数控系统进行信息交流的工具,它由按钮站、状态灯、按键阵列(功能与计算机键盘类似)和显示器组成。华中世纪星 HNC—21 型数控系统面板如图 2－1－2 所示,数控系统接口如图 2－1－3 所示。

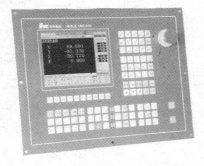

图 2－1－2　华中世纪星 HNC—21 型
数控系统面板

图 2－1－3　华中世纪星数控
系统的接口

（2）数控装置的接口。数控装置的接口是数控装置和数控系统的功能部件（主轴模块、进给伺服模块、PLC 模块等）与机床进行信息传递、交换和控制的端口，也称之为接口。图 2-1-4 为数控装置与其他单元的连接示意图。

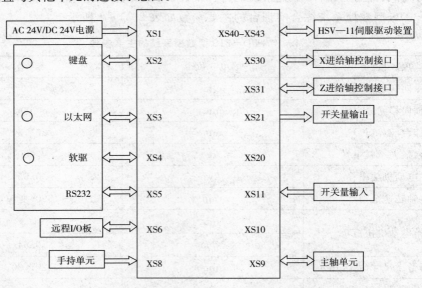

图 2-1-4　数控装置与其他单元的连接示意图

（3）数控装置的辅助部件。数控装置的辅助部件，主要有软驱单元和手持单元。本系统所配套的软驱单元提供了包括 3.5″软盘驱动器在内的 RS232 接口、PC 键盘接口、以太网接口的集成装置。其中，图 2-1-5a 为前视图接口，用于和外部计算机相连接；图 2-1-5b 为后视图接口，用于和数控系统连接。在软驱单元内部，已用电缆将 XS5 与 XS5′、XS2 与 XS2′、XS3 与 XS3′之间的对应引脚相连。手持单元提供急停按钮、使能按钮、工作指示灯、坐标选择旋钮（OFF、X、Y、Z、A）、倍率选择旋钮（×1、×10、×100）及手摇脉冲发生器，如图 2-1-6 所示。

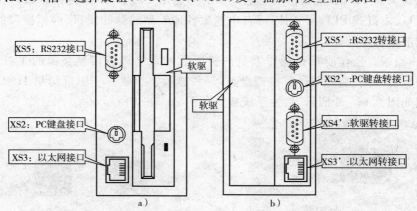

图 2-1-5　软驱单元接口图
a)前视图　b)后视图

2. 伺服驱动单元

伺服驱动单元接收来自 CNC 装置的指令，经变换和放大后，通过驱动装置转变成执行部件进给的速度、方向和位移。伺服驱动单元分为主轴伺服驱动和进给伺服驱动,分别用来控制主轴电动机和进给电动机。本实训台配备了三种伺服驱动单元。

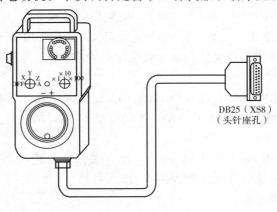

DB25(XS8)
(头针座孔)

图2-1-6 手持单元

(1)步进驱动单元。步进驱动器接受数控装置发出的进给脉冲信号(包含速度、位移、转向信息),将单序列脉冲信号放大,并根据步进电动机类型将脉冲信号在空间展开成多相输出,驱动电动机按指令要求的转向、转速和角位移运动。本实训台步进驱动器采用雷塞M535型步进电动机驱动器,该驱动器是细分型高性能步进驱动器,适合驱动中小型的各种两相或四相混合式步进电动机。电流控制采用先进的双极性等角度恒力矩技术,每秒两万次的斩波频率。在驱动器的侧边装有一排拨码开关组,可以用来选择细分精度以及设置动态工作电流和静态工作电流。

(2)交流伺服驱动单元。交流伺服驱动器接受数控装置发出的进给指令信号(脉冲、电压或数字量),将其放大,并根据伺服电动机类型在空间展开成多相电压可调的交流电输出,驱动电动机按指令要求的转向、转速和角位移运动。本实训台交流伺服驱动器采用SANYO(日本三洋公司)Q系列的QS1A01AA0M601P00型伺服驱动器,该驱动器可提供位置控制、速度控制和转矩控制三种控制方式,通过设置交流伺服参数并修改相应连线即可方便地实现控制模式的切换。QS1A01AA0M601P00型伺服驱动器工作的输入电压为三相220V交流电压,输入电流为2.5A,输出电流为2.2A。

(3)变频主轴单元。主轴驱动器接受数控装置经PLC发出的转向、转速信号(经PLC转换为双极性电压信号),将其转换为频率可变的三相交流驱动信号,驱动主轴电动机按指令要求的转向、转速运动,并受PLC控制,根据控制需要实现定向停止(准停)。本实训台采用日立公司的SJ100−007HFE型变频器。该变频器采用正弦波脉宽调制(PWM)控制,额定容量为1.9kV·A,额定输入电压为三相交流380V,额定输出电流为2.5A,输出频率范围为1~360Hz,适用电动机容量为0.75kW。

3. 可编程逻辑控制器(PLC)

可编程逻辑控制器(PLC)是一种专为工业环境下应用而设计的通过数字运算操作的电子控制系统,当PLC用于控制机床顺序动作时,称为PMC。PLC主要完成与逻辑运算有关的一些动作,没有运动轨迹控制上的具体要求。它接受CNC装置的控制代码M(辅助功能)、S(主轴转速)、T(选刀、换刀)等顺序动作信息,对其进行译码并转换成对应的控制信号,来控制辅助装置完成机床相应的开关动作,如工件的装夹、刀具的更换、冷却液泵的开、关等一些辅助动作;它还接受机床操作面板的指令,一方面直接控制机床的动作,另一方面将一部分指令送往 CNC 装置用于对加工过程的控制。

数控机床的 PLC 有内置式和独立式两种,内置式 PLC 被集成于主板内,整个系统结构紧凑;独立式 PLC 与系统通过电缆连接,结构上是独立的,在使用上可通过扩展模块来扩展控制功能或控制规模,使用比较灵活。本系统采用内置式 PLC。

4. 输入/输出装置

(1)I/O 端子板。本实训台 I/O 采用 HC5301-8 输入接线端子板和 HC5301-R 继电器板,作为 HNC-21 数控装置 XS10、XS11、XS20、XS21 接口的转接单元使用,以方便连接及提高可靠性。

输入接线端子板提供 NPN 和 PNP 两种类型开关量信号输入,每块输入接线端子板有20 个 NPN 或 PNP 开关量信号输入接线端子,最多可接 20 路 NPN 或 PNP 开关量信号输入,其接口如图 2-1-7 所示。

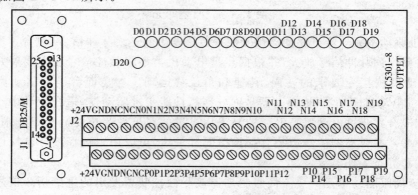

图 2-1-7　输入端子板接口图

继电器板集成八个单刀单投继电器和两个双刀投继电器,最多可接 16 路 NPN 开关量信号输出及急停与超程信号。其中,8 路 NPN 开关量信号输出用于控制八个单刀单投继电器,剩下的 8 路 NPN 开关量信号输出通过接线端子引出,可用来控制其他电器,两个双刀双投继电器可由外部单独控制。继电器板结构如图 2-1-8 所示。

(2)远程 I/O 端子板。远程 I/O 端子板分远程输入端子板与远程输出端子板两种,如图2-1-9 所示。

5. 工作台

本实训台的工作台为水平面 XZ 双坐标工作台,如图 2-1-10 所示。在工作台上集成了雷塞 57HS13 型四相混合式步进电动机、MSMA022A1C 型交流伺服电动机、光栅尺。机械部分采用滚珠丝杠传动的模块化十字工作台,用于实现目标轨迹和动作。X 轴执行装置通过四相混合式步进电动机,采用开环控制模式。Z 轴执行装置采用交流伺服电动机、交流伺服驱动器和交流伺服电动机组成一个速度闭环控制系统。安装在交流伺服电动机轴端的增量式码盘(脉冲编码器)充当位置传感器,用于间接测量机械部分的移动距离,可构成位置半闭环控制系统;也可采用安装在十字工作台上的光栅尺直接测量机械部分的移动距离,构成一个位置全闭环控制系统。

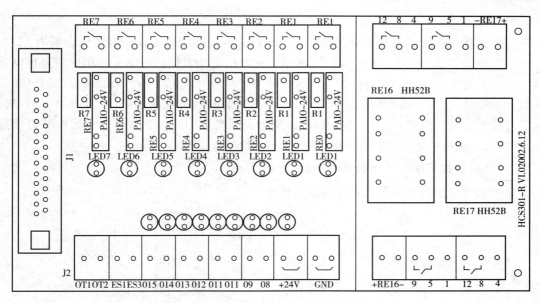

图 2-1-8 继电器板结构

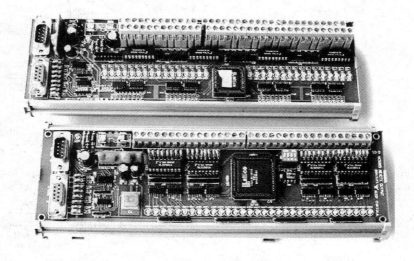

图 2-1-9 远程 I/O 端子板

图 2-1-10 双坐标工作台

图 2-1-11 四工位电动刀架

6. 电动刀架

刀架是数控机床实现刀具装夹和加工刀具自动换刀的主要部件。本实训台采用 LDB4 型四工位电动刀架,外形如图 2-1-11 所示。该数控电动刀架的电动机采用三相异步电动机,功率为 90W,转速为 1300r/min。刀架电动机的起停、转向受控于 PLC。换刀时,电动刀架接受数控装置通过 PLC 发出的换刀指令,控制刀架电动机转动寻刀,同时刀架检测刀具位置并将其信号反馈到 PLC。刀具到位后,电动机反转将刀具位置锁紧并将完成换刀信息由 PLC 反馈到数控装置,数控系统才执行下一道指令。

二、华中数控系统实训台部件的连接

华中数控系统综合实训台部件的连接如图 2-1-12 所示。

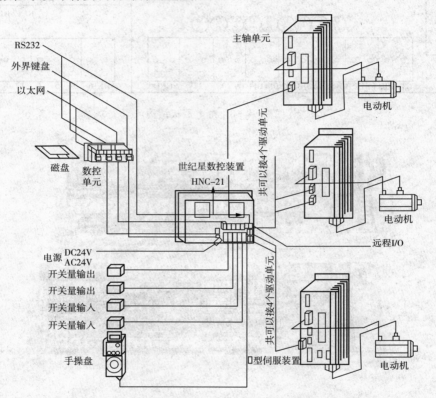

图 2-1-12　华中数控系统综合实训台连接示意图

三、华中数控系统实训台的基本操作

(1)操作面板。HNC-21T 型华中世纪星车床数控装置操作面板如图 2-1-13 所示。

(2)操作界面。HNC-21T 型数控车床的软件操作界面如图 2-1-14 所示,其界面由如下几部分组成。

① 图形显示窗口。

② 菜单命令条。

③ 运行程序索引。

④ 选定坐标系下的坐标值。

⑤ 工件坐标零点。

⑥ 辅助功能。

⑦ 当前加工程序行。

⑧ 当前加工方式、系统运行状态及当前时间。

⑨ 机床坐标、剩余进给。

⑩ 直径/半径编程、米制/英制编程、每分进给/每转进给、快速修调、进给修调、主轴修调。

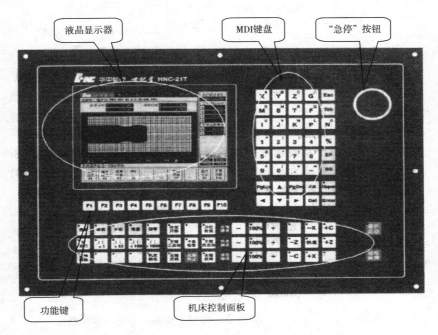

图 2-1-13　HNC-21T 型华中数控车床的操作面板

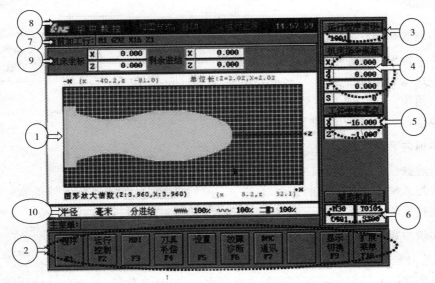

图 2-1-14　HNC-21T 型华中数控车床的软件操作界面

（3）软件菜单功能。系统功能的操作主要通过菜单命令条中的功能键 F1～F10 来完成，菜单采用层次结构，即在主菜单下选择一个菜单项后，数控装置会显示该功能下的子菜单，用户可根据该子菜单的内容选择所需的操作。当要返回主菜单时，按子菜单下的 F10 键即可。HNC－21T 型数控车床的主要功能菜单结构如图 2－1－15 所示。

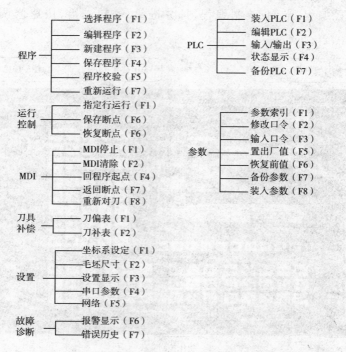

图 2－1－15　HNC－21T 型华中数控车床的主要功能菜单结构

技能实训

一、实训器材

（1）华中世纪星数控系统综合实训台。

（2）专用电缆连接线。

（3）万用表。

（4）螺丝刀、尖嘴钳等工具。

二、实训内容

（1）熟悉数控系统的基本结构。

（2）数控系统综合实训台的连接。

（3）数控系统的基本操作。

三、实训步骤

1. 熟悉数控系统的基本结构

（1）找出数控系统综合实训台的各主要部件，了解其名称、位置及信号的传输与控制关系，并将其型号和功能填入表 2－1－2 中。

（2）熟悉数控系统的接口，并将各接口的名称和功能填入表2-1-3中。

表2-1-2 HED-21S型实训台组成部件

序 号	名 称	型 号	功 能
1	数控装置		
2	输入端子板		
3	输出继电器板		
4	步进驱动装置		
5	伺服驱动装置		
6	变频器		
7	光栅尺		
8	脉冲编码器		
9	断路器		
10	接触器		
11	继电器		
12	行程开关		
13	直流稳压电源		
14	电动刀架		
15	工作台		

表2-1-3 数控系统各接口名称和功能

序 号	接口代号	接口名称	功 能
1	XS1		
2	XS2		
3	XS3		
4	XS4		
5	XS5		
6	XS6		
7	XS8		
8	XS9		
9	XS10、XS11		
10	XS20、XS21		
11	XS30～XS33		
12	XS40～XS43		

2. 进行数控系统综合实训台的连接

(1)熟悉数控系统综合实训台各个组成部件之间的连接,明确各信号线的来源和去向。

(2)画出数控系统综合实训台的信号流程框图。

3. 进行数控系统的基本操作

(1)对照数控系统的操作面板,熟悉其基本操作方法。

(2)编写一数控演示程序。

(3)按上电顺序给数控系统上电,输入并运行演示程序。

四、技能考核

技能考核评价标准与评分细则见表2-1-4。

表2-1-4 华中数控系统综合实训台的认知实训评价标准与评分细则

评价内容	配分	考核点	评分细则	得分
实训准备	10	清点实训器材、工具,并摆放整齐	每少一项实训器材扣3分,工具摆放不整齐扣5分	
操作规范	10	(1)行为文明,有良好的职业操守。 (2)实训完后清理、清扫工作现场	(1)迟到、做其他事酌情扣10分以内。 (2)未清理、清扫工作现场扣5分	
实训内容	80	(1)数控系统结构的认知。 (2)数控系统的连接。 (3)数控系统的基本操作	(1)结构认知,每错一处扣10分。 (2)实训台的连接,每错一处扣30分。 (3)操作不熟练扣20～30分	
工时			120分钟	

※※※

思 考 题

(1)数控系统中RS232接口的主要用途是什么?

(2)HNC—21T型华中世纪星数控系统能够实现几轴联动?其最大开关量输出端口有多少个?

(3)简要画出数控系统综合实训台的连接示意图。

※※※

任务 2-2　数控系统硬件的基本连接与调试

【学习目标】

(1)熟悉华中世纪星数控系统的接口形式和功能。

(2)掌握华中世纪星数控系统的电气连接。

相关知识

一、数控系统的接口与功能

HED-21S 型数控系统综合实训台采用华中数控股份有限公司"世纪星"HNC-21TF 型车床数控装置,数控装置的接口如图 2-2-1 所示。

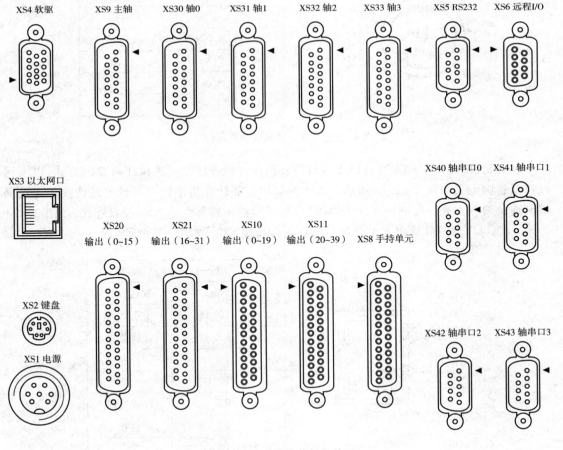

图 2-2-1　数控装置的接口

（1）电源接口 XS1。电源接口及管脚定义如图 2-2-2 所示。

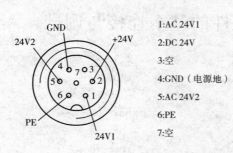

引脚号	信 号	说 明
1、5	AC 24V1/2	交流 24V 电源
2	DC 24V	直流 24V 电源
3	空	—
4	DC 24V	地
6	PE	地
7	空	—

1:AC 24V1
2:DC 24V
3:空
4:GND（电源地）
5:AC 24V2
6:PE
7:空

图 2-2-2　电源接口及管脚定义

（2）PC 键盘接口 XS2。PC 键盘接口及管脚定义如图 2-2-3 所示。

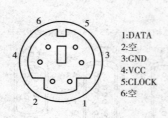

1:DATA
2:空
3:GND
4:VCC
5:CLOCK
6:空

引脚号	信 号	说 明
1	DATA	数据
2	空	—
3	GND	电源地
4	VCC	电源
5	CLOCK	—
6	空	时钟

图 2-2-3　PC 键盘接口及管脚定义

（3）以太网接口 XS3。通过以太网口与外部计算机连接是一种快捷可靠的方式,以太网接口及管脚定义如图 2-2-4 所示。以太网口与外部计算机连接有直接电缆连接和通过局域网连接两种方式。在硬件连接上,可以直接由数控装置背面的 XS3 接口连接,如图 2-2-5 所示;也可以通过软驱单元上的串口接口进行转接,如图 2-2-6 所示。

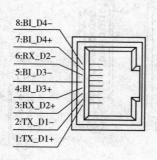

8:BI_D4-
7:BI_D4+
6:RX_D2-
5:BI_D3-
4:BI_D3+
3:RX_D2+
2:TX_D1-
1:TX_D1+

引脚号	信 号	说 明
1	TX_D1+	发送数据
2	TX_D1-	发送数据
3	RX_D2+	接收数据
4	BI_D3+	空置
5	BI_D3-	空置
6	RX_D2-	接收数据
7	BI_D4+	空置
8	BI_D4-	空置

图 2-2-4　以太网接口及管脚定义

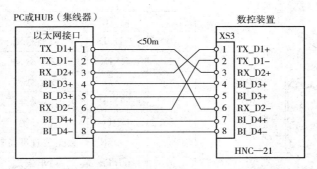

图2-2-5　通过以太网接口与PC直接连接或通过局域网连接（无软驱单元）

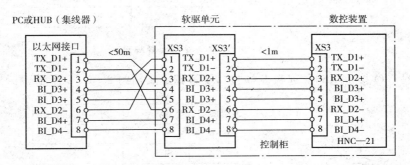

图2-2-6　数控装置通过以太网接口与PC直接连接或通过局域网连接（有软驱单元）

（4）软驱接口 XS4。软驱接口及管脚定义如图2-2-7所示。

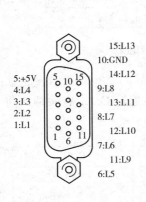

引脚号	信　号	说　明
1	L1	减小写电流
2	L2	驱动器选择 A
3	L3	写数据
4	L4	写保护
5	+5V	驱动器电源
6	L5	驱动器 A 允许
7	L6	步进
8	L7	0 磁道
9	L8	盘面选择
10	GND	驱动器电源地、信号地
11	L9	索引
12	L10	方向
13	L11	写允许
14	L12	读数据
15	L13	更换磁盘

图2-2-7　软驱接口及管脚定义

（5）RS232 接口 XS5。RS232 接口及管脚定义如图2-2-8所示。RS232 可以由数控装置背面的 XS5 接口连接，也可以通过软驱单元上的串口接口进行转接。

引脚号	信 号	说 明
1	-DCD	载波检测
2	RXD	接收数据
3	TXD	发送数据
4	-DTR	数据终端准备好
5	GND	信号地
6	-DSR	数据装置准备好
7	-RTS	请求发送
8	-CTS	准许发送
9	-R1	振零指示

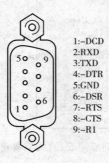

图 2-2-8 RS232 接口及管脚定义

（6）远程 I/O 接口 XS6。远程 I/O 接口及管脚定义如图 2-2-9 所示。

引脚号	信 号	说 明
1	EN+	使能
2	SCK+	时钟
3	Dout+	数据输出
4	Din+	数据输入
5	GND	地
6	EN-	使能
7	SCK-	时钟
8	Dout-	数据输出
9	Din-	数据输入

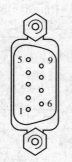

图 2-2-9 远程 I/O 接口及管脚定义

（7）手持单元接口 XS8。手持单元接口及管脚定义如图 2-2-10 所示。注意:若系统中未选用手持单元,或所选手持单元上没有急停按钮时,应该通过 DB25 针头插头将 XS8 接口上的第 4、第 17 脚短接。

1:24VG 14:24VG
2:24VG 15:24VG
3:24V 16:24V
4:ESTOP2 17:ESTOP3
5:空 18:I39
6:I38 19:I37
7:I36 20:I35
8:I34 21:I33
9:I32 22:O31
10:O30 23:O29
11:O28 24:HA
12:HB 25:+5V
13:5VG

信号名	说 明
24V、24VG	DC 24V 电源输出
ESTOP2、ESTOP3	手持单元急停按钮
I32~I39	手持单元输入开关量
O28~O31	手持单元输出开关量
HA	手摇 A 相
HB	手摇 B 相
+5V、5VG	手摇 DC 5V 电源

图 2-2-10 手持单元接口及管脚定义

（8）主轴控制接口 XS9。主轴控制接口及管脚定义如图 2-2-11 所示。主轴 D/A 选用接口 AOUT1 和 AOUT2 时应注意：AOUT1 的输出电压为 -10V～+10V，AOUT2 的输出电压为 0～+10V，如果主轴系统是采用给定的正负模拟电压实现主轴电动机的正反转，应使用 AOUT2 接口控制主轴单元，其他情况都应采用 AOUT1 和接口。

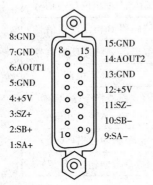

信号名	说明
SA+、SA-	主轴码盘 A 相位反馈信号
SB+、SB-	主轴码盘 B 相位反馈信号
SZ+、SZ-	主轴码盘 Z 脉冲反馈
+5V、GND	DC 5V 电源
AOUT1、AOUT2	主轴模拟量指令输出
GND	模拟量输出地

图 2-2-11　主轴控制接口及管脚定义

（9）开关量输入接口 XS10、XS11。开关量输入接口及管脚定义如图 2-2-12 所示。

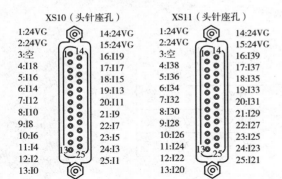

信号名	说明
24VG	外部开关量 DC 24V 电源地
I0～I39	输入开关量

图 2-2-12　开关量输入接口及管脚定义

（10）开关量输出接口 XS20、XS21。开关量输出接口及管脚定义如图 2-2-13 所示。

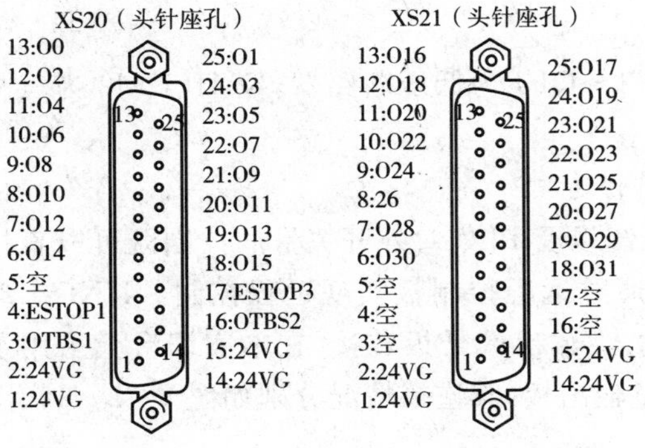

XS20（头针座孔）

13:O0　25:O1
12:O2　24:O3
11:O4　23:O5
10:O6　22:O7
9:O8　21:O9
8:O10　20:O11
7:O12　19:O13
6:O14　18:O15
5:空　17:ESTOP3
4:ESTOP1　16:OTBS2
3:OTBS1　15:24VG
2:24VG　14:24VG
1:24VG

XS21（头针座孔）

13:O16　25:O17
12:O18　24:O19
11:O20　23:O21
10:O22　22:O23
9:O24　21:O25
8:26　20:O27
7:O28　19:O29
6:O30　18:O31
5:空　17:空
4:空　16:空
3:空　15:24VG
2:24VG　14:24VG
1:24VG

信号名	说明
24VG	外部开关量 DC 24V 电源地
O0～O31	输出开关量
ESTOP1，ESTOP3	急停回路与超程回路的串联的接入端子
OTBS1，OTBS2	超程限位开关的接入端子

图 2-2-13　开关量输出接口及管脚定义

(11)进给轴控制接口 XS30～XS33。模拟接口式、脉冲式伺服控制接口和步进电动机驱动单元控制接口及管脚定义如图 2-2-14 所示。

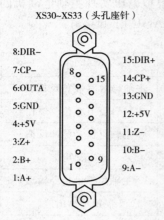

XS30~XS33（头孔座针）

8:DIR−
7:CP−
6:OUTA
5:GND
4:+5V
3:Z+
2:B+
1:A+

15:DIR+
14:CP+
13:GND
12:+5V
11:Z−
10:B−
9:A−

信号名	说明
A+、A−	编码器 A 相位反馈信号
B+、B−	编码器 B 相位反馈信号
Z+、Z−	编码器 Z 脉冲反馈信号
+5V，GND	DC 5V 电源
OUTA	模拟指令输出 （−20mA～+20mA）
CP+、CP−	指令脉冲输出（A 相）
DIR+、DIR−	指令方向输出（B 相）

图 2-2-14　进给轴控制接口及管脚定义

(12)串行接口式伺服驱动控制接口 XS40～XS43。串行接口式伺服驱动控制接口及管脚定义如图 2-2-15 所示。

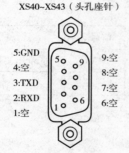

XS40~XS43（头孔座针）

5:GND
4:空
3:TXD
2:RXD
1:空

9:空
8:空
7:空
6:空

信号名	说明
TXD	数据发送
RXD	数据接收
GND	信号地

图 2-2-15　串行接口式伺服驱动控制接口及管脚定义

二、数控系统各功能模块的连接

1. 主电源回路的连接

主电源回路的连接如图 2-2-16 所示。QF1～QF4 为低压断路器，KM1、KM2 为三相交流接触器，RC1～RC3 为阻容吸收器（灭弧器）。

2. 数控系统继电器和输入/输出开关量控制的连接

"世纪星"数控系统采用内置式 PLC，数控系统以及 PLC 对外开关量的控制既可以直接控制，也可以通过接口板间接控制，另外还可以通过远程控制板实现远程控制。HNC-21型"世纪星"数控开关量输入/输出接口可通过输入/输出端子板转接，在本实训台上采用了HC5301-8 开关量输入板和 HC5301-R 开关量输出板，其连接情况分别如图 2-2-17、图2-2-18 所示。

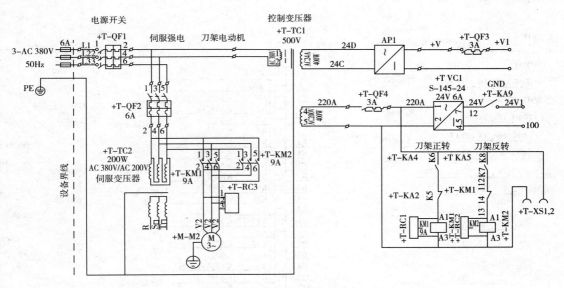

图 2-2-16　主电源电路图

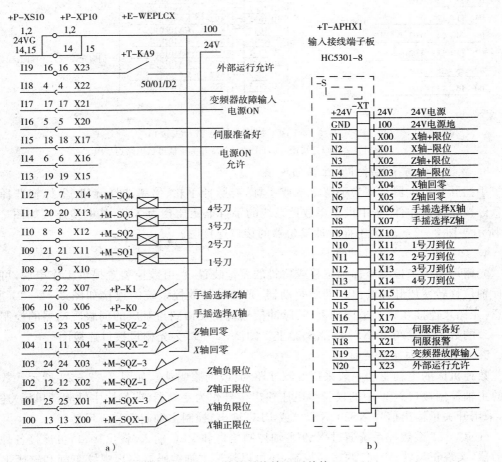

a)　　　　　　　　　　　　　　　　　b)

图 2-2-17　数控系统输入开关接口

a)输入开关接口连接图　b)HC5301-8 开关量输入板电路连接图

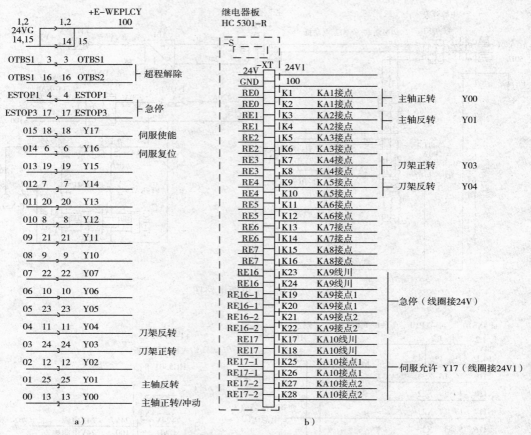

图 2-2-18　数控系统输出开关接口

a) 输出开关接口连接图　b) HC5301-R 开关量输出板电路连接图

3. 数控系统与手摇脉冲发生器的连接

手摇脉冲发生器又称为手持单元或手脉,有脉冲手轮、倍率选择旋钮、坐标轴选择旋钮和急停按钮等操作件,华中世纪星数控系统的手持单元插孔为 XS8,其电缆连接如图 2-2-19 所示。图 2-2-20 为手摇脉冲发生器的接口连接图。

4. 数控系统与光栅尺的连接

光栅尺是用来检测坐标轴位移或位置的测量装置,它由数控装置提供工作电源,可以将坐标轴位移转变成脉冲输出。伺服驱动器、光栅尺与数控系统的连接如图 2-2-21 所示。注意:光栅尺连接在哪个坐标轴上,其脉冲信号就要反馈到与对应的伺服驱动器的控制端口相一致的数控装置端口(XS30~XS33)上。图 2-2-22 为光栅尺接口连接图。

5. 数控系统与主轴连接

数控机床的主轴驱动一般采用变频器驱动(或伺服驱动),如图 2-2-23 所示。数控系统的主轴控制接口 XS9 中的模拟量电压输出信号作为变频器(或伺服主轴驱动单元)速度给定,采用开关量输出信号 XS20、XS21(或 PLC 输出)控制主轴起停和正反转。

HNC-21 型数控系统通过 XS9 主轴控制接口和 PLC 输入/输出接口,可连接各种主轴驱动器,实现正反转、定向、调速等控制,还可以外接主轴编码器实现螺纹车削和铣床上的刚性攻螺纹功能。

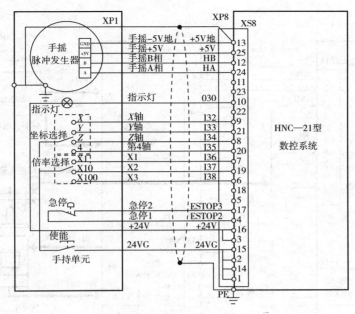

图 2 - 2 - 19　手摇脉冲发生器与数控系统连接电缆图

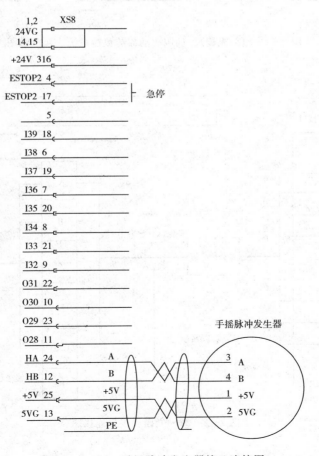

图 2 - 2 - 20　手摇脉冲发生器接口连接图

数控机床维修技能实训

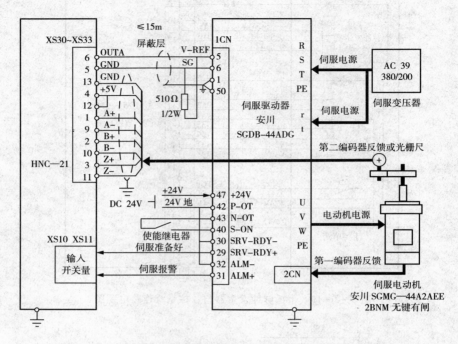

图 2-2-21　光栅尺、伺服驱动器与数控系统连接电缆图

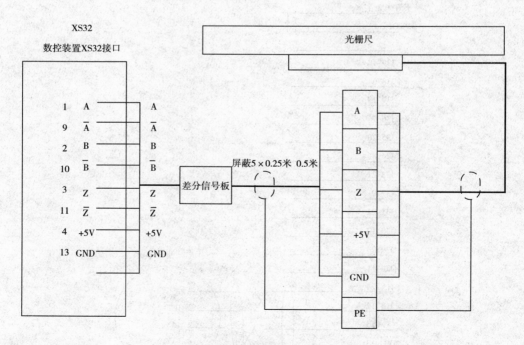

图 2-2-22　光栅尺接口连接图

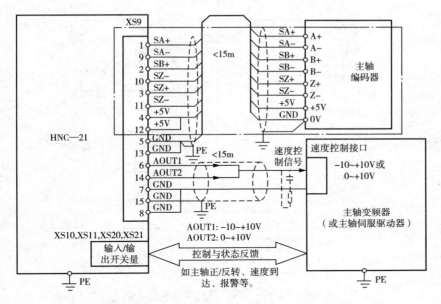

图 2-2-23 主轴变频器或主轴伺服驱动与数控系统的连接电缆图

数控系统与主轴驱动部分的电路连接主要有:驱动器与电源的连接、驱动器与电动机的连接、驱动器与数控系统的连接、主轴编码器与数控系统的连接、电动机转向控制信号与数控系统的连接(伺服驱动方式)。图 2-2-24 为主轴变频器与主轴电动机的连接图。

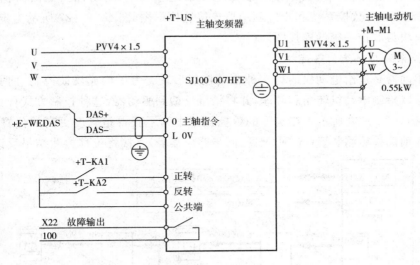

图 2-2-24 主轴变频器与主轴电动机连接图

6.数控系统刀架电动机的连接

数控系统和换刀机构的连接包括两部分:刀架电动机控制信号线和刀位开关的信号线。数控系统发出的换刀信号,控制刀架电动机的接触器来控制电动机正、反向转动;当刀具到位信号传输到 PLC 时,PLC 通过程序控制刀架电动机反转锁紧,同时将换刀完成信号传输到数控系统,数控系统才能继续执行下一步程序。本实训台数控系统换刀机构的部分连接电路如图 2-2-25 所示。

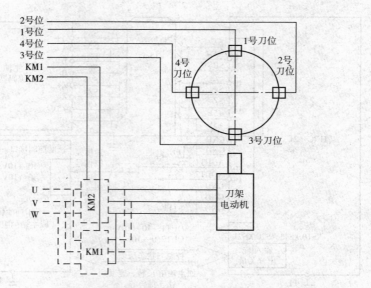

图 2-2-25　换刀机构部分连接电路

7. 数控系统与步进驱动器连接

步进驱动装置的连接电路包括：与数控系统的控制信号连接电缆；与电源连接的动力电缆；与步进电动机连接的驱动电缆。其中，控制信号电缆由于传输的是弱脉冲信号，所以采用屏蔽电缆以防止干扰。动力电缆和驱动电缆输送较大电流，所以其截面面积要足够大。图 2-2-26 所示为数控系统和步进驱动器连接总体框图，图 2-2-27 所示为步进电动机、步进驱动模块与数控系统的连接图。

8. 数控系统与交流伺服连接

伺服驱动器是进给电动机的另一种驱动控制形式。为了构成反馈控制，伺服电动机都带有编码器以检测电动机转角和转速，并将结果反馈到驱动器，这种控制方式称为半闭环控制系统，如图 2-2-28 所示。在实际的数控机床中为了获得精确度更高的位置控制，有时也采用坐标轴位移检测装置（光栅、磁栅、同步感应器等）直接将位移检测结果反馈到数控系

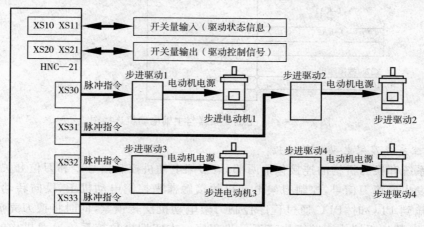

图 2-2-26　数控系统和步进驱动器连接总体框图

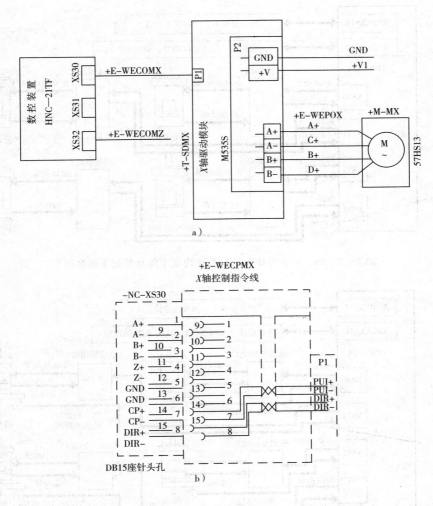

图 2-2-27　步进电动机、步进驱动模块与数控系统的连接图（X 轴）

a)连接电路图　b)互联电缆接线图

统,从而构成全闭环控制系统,如图 2-2-29 所示。

伺服驱动装置的连接电路包括:与数控系统的控制信号连接电缆(位移控制、状态控制),与伺服电源连接的动力电缆,与伺服电动机连接的驱动电缆、电动机状态信号电缆和检测反馈电缆。图 2-2-30 为交流伺服电动机、伺服驱动模块与数控系统连接图。

9. 数控系统急停与超程解除信号电路连接

HNC-21 型数控装置操作面板和手持单元上,均设有急停按钮,其内部电路关系和外部电路的连接如图 2-2-31 所示。所有急停按钮和超程限位开关的常闭触点以串联方式,连接到系统的急停回路中。当按下急停按钮或坐标轴超程后,其触点断开,使得系统的急停回路所控制的中间继电器 KA 断电,而切断移动装置的动力电源。同时,连接在 PLC 输入端的中间继电器 KA 的一组常开触点向系统发出急停报警,此信号在打开急停按钮时则作为系统的复位信号。

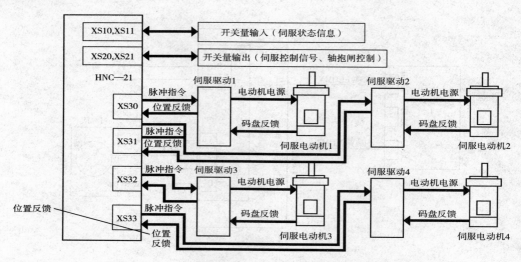

图 2-2-28 伺服驱动与数控系统构成半闭环控制系统框图

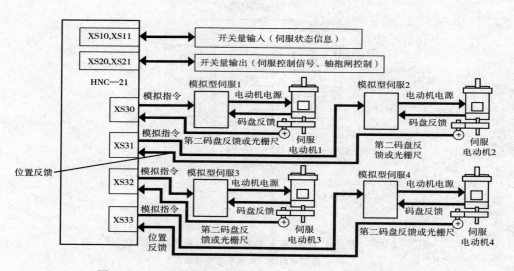

图 2-2-29 伺服驱动与数控系统构成全闭环控制系统框图

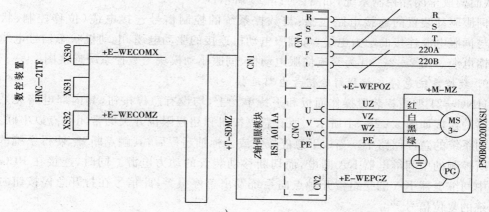

a)

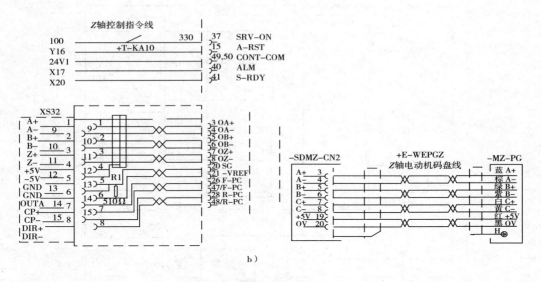

图 2-2-30 交流伺服电动机、伺服驱动模块与数控系统连接图(Z轴)

a)连接电路图 b)互联电缆接线图

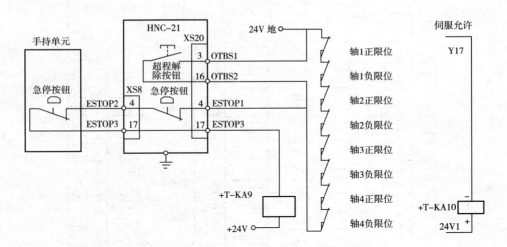

图 2-2-31 急停与超程解除信号电路的连接

10.直流控制端子的连接

本实训台直流控制端子的连接如图 2-2-32 所示。

技能实训

一、实训器材

(1)华中世纪星数控系统综合实训台。

(2)专用电缆连接线。

(3)万用表。

(4)扳手、螺丝刀、尖嘴钳等工具。

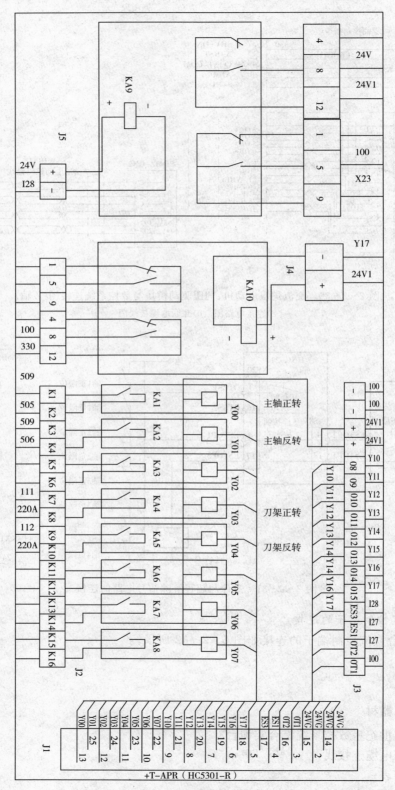

图 2-2-32 直流控制端子图

二、实训内容

(1)数控系统的部件连接。

(2)数控系统的检查与调试。

(3)数控系统连接故障的处理。

三、实训步骤

1. 数控系统的连接

在实训台上找到数控系统的各组成部件,根据系统连接图,逐步分项连接、检查、验证各个部件之间的连接,并在纸上继续绘出连接关系,标明各连接端口。

(1)主电源回路的连接与检查。

(2)数控系统继电器和输入/输出开关量控制的连接与检查。

(3)数控系统与手摇脉冲发生器的连接与检查。

(4)数控系统与光栅尺的连接与检查。

(5)数控系统与主轴的连接与检查。

(6)数控系统与步进驱动器的连接与检查。

(7)数控系统与交流伺服的连接与检查。

(8)数控系统刀架电动机的连接与检查。

(9)数控系统急停与超程解除信号电路的连接与检查。

2. 数控系统的检查与调试

(1)断电检查。由强电到弱电,按线路走向顺序检查,用万用表逐步测量。

① 检查变压器的规格和进出线的方向和顺序是否正确。

② 检查主轴电动机、伺服电动机强电电缆的相序是否正确。

③ 检查 DC 24V 电源极性连接是否正确。

④ 检查步进驱动器直流电源极性连接是否正确。

⑤ 检查所有地线是否都可靠且正确地连接。

(2)通电检查。按以下步骤进行通电检查。

① 按下急停按钮,断开系统中所有低压断路器。

② 合上总电源低压断路器 QF1,检查控制变压器 TC1 二次侧的电压是否正常。

③ 合上控制 DC 24V 的低压断路器 QF4,检查 DC 24V 电源是否正常,数控装置通电,检查控制面板上的指示灯是否点亮,开关量接线端子和继电器板的电源指示灯是否点亮。

④ 用万用表测量步进驱动器直流电源+V 和 GND 两脚之间电压应为 35V 左右,合上控制步进驱动器直流电源低压断路器 QF3。

⑤ 合上低压断路器 QF2,检查伺服变压器 TC1 电压是否正常。

⑥ 检查设备用到的其他部分电源是否正常。

(3)检查数控系统的功能。按以下步骤进行数控系统功能的检查。

① 进入"手动"方式。松开"急停"按钮使系统复位,系统默认进入"手动"方式,软件操作界面的工作方式变为"手动"。

② 移动坐标轴。操作数控系统,让 X 轴、Z 轴产生正向或负向连续移动。

③ 超程报警。在手动工作方式下,以低速分别移动 X 轴、Z 轴,使之超程,仔细观察轴

是否立即停止运动,软件操作界面是否出现急停报警。

④ 回参考点。按下"回零"按键,检查 X 轴、Z 轴是否回参考点,回参考点后,指示灯应点亮。

⑤ 检查主轴功能。在手动工作方式下,按下"主轴正转"按键(指示灯亮),主轴电动机以参数设定的转速正转,检查主轴电动机是否运转正常,依次检查主轴反转、主轴停止。

⑥ 检查刀具功能。在手动工作方式下,按下刀号选择按键,选择所需的刀号,检查转塔刀架转动到位情况。

⑦ 程序运行检查。调入或编写一个演示程序自动运行,观察十字工作台运动情况。

(4)关机。按以下步骤关数控系统。

① 按下控制面板上的"急停"按钮。

② 断开低压断路器 QF2、QF3。

③ 断开低压断路器 QF4。

④ 断开低压断路器 QF1,断开 380V 电源。

3. 数控系统连接故障的设置与诊断

让老师或其他同学在实训台上设置几个故障,启动数控系统,仔细观察故障现象,分析故障原因,并填写表 2-2-1。

表 2-2-1　数控系统连接故障的设置与诊断

序号	故　障　设　置	故　障　现　象	故　障　分　析
1	去掉实训台三相电源中的 V 相		
2	将变频器的电源去掉一相		
3	任意调换主轴电动机的两相电源		
4	将伺服电动机的电源线去掉一相		
5	去掉伺服驱动器上的直流短接端子		
6	断开继电器板的外接 24V1		
7	断开继电器 KA9 触点上的 24V1		
8	断开输入接线转接端子的外接 24V 电源		
9	将变频器接线端子上的 509 拆下,运行主轴电动机		
10	将输入点 X0.4 与 X0.5 从输入端子转接板上拆下,然后回零操作		
11	去掉刀架电动机上的 +24V 电源		

四、技能考核

技能考核评价标准与评分细则见表 2-2-2。

表 2-2-2　华中数控系统的硬件连接与基本调试实训评价标准与评分细则

评价内容	配分	考核点	评分细则	得分
实训准备	10	清点实训器材、工具,并摆放整齐	每少一项实训器材扣3分,工具摆放不整齐扣5分	
操作规范	10	(1)行为文明,有良好的职业操守。 (2)实训完后清理、清扫工作现场	(1)迟到、做其他事酌情扣10分以内。 (2)未清理、清扫工作现场扣5分	
实训内容	80	(1)数控系统部件连接。 (2)数控系统的检查与调试。 (3)数控系统的故障设置与处理	(1)部件连接,每错一处扣10分。 (2)检查调试不正确扣20~30分。 (3)每少完成一处故障处理扣10分	
工时		120分钟		

※※※

思 考 题

(1)步进驱动器有哪些信号与华中世纪星数控系统相连?分别起什么作用?

(2)简述数控系统部件连接的一般步骤。

(3)交流伺服驱动系统与步进驱动系统有什么区别?

※※※

任务 2 - 3　数控系统参数的设定

【学习目标】

(1)熟悉并掌握华中世纪星数控系统参数的定义及设置方法。

(2)了解参数设置对数控系统运行的作用及影响。

相关知识

为使数控系统能正常运行,必须保证各种参数正确设置,不正确的参数设置与更改,可能造成严重的后果。数控机床在出厂前,已将所采用的 CNC 系统设置了与每台数控机床的状况相匹配的初始参数,但部分参数还要经过调试来确定。另外,用户买到数控机床后,首先应将厂家提供的初始参数表复制存档,供操作者或维修人员在使用和维修机床时参考。

在数控机床使用过程中,有些情况下,会出现数控机床参数全部丢失或个别参数改变的现象,主要原因有:数控系统后备电池失效导致全部参数丢失;操作者的误操作;机床在DNC 状态下加工工件或进行数据通信过程中电网瞬间停电。当参数改变或机床异常时,首先要做的工作就是对数控机床参数的检查和复原。

一、数控系统参数的分类与功能

1. 按照机床参数的表示形式来划分

数控机床参数表达形式有以下三类:

(1)状态型参数。状态型参数是指每项参数的 8 位二进制数位中,每一位都表示了一种独立的状态或者是某种功能的有无。

(2)比率型参数。比率型参数是指某项参数设置的某几位所表示的数值都是某种参量的比例系数。

(3)真实值参数。真实值参数是指某项参数直接表示系统某个参数的真实值。

2. 按功能和重要性来划分

按功能和重要性划分了参数的不同级别,数控装置设置了三种级别的权限,允许用户修改不同级别的参数。通过权限口令的限制,对重要参数进行保护,防止因误操作而引起故障和事故。查看参数和备份参数不需要口令。

(1)数控系统厂家。最高级别权限,能修改所有的参数。

(2)数控机床厂家。中间级权限,能修改机床调试时须设置的参数。

(3)用户厂家。最低级权限,仅能修改用户使用时须改变的参数。

二、华中世纪星数控系统常用参数

1. 华中 HNC-21 型数控系统常用参数的类型

(1)系统参数。系统参数主要对系统软件所工作的环境进行设置,对本系统所具有的功能进行选择,正确设置系统参数是正常运行系统的前提条件。

(2)通道参数。通道参数是指定分配给某通道的有效逻辑轴名(X、Y、Z、A、B、C、U、V、W)以及与之对应的实际轴号($0\sim15$)。实际轴号在系统中最多只能分配一次。标准设置选

"0 通道"。

(3)轴控制参数。轴控制参数主要对各坐标轴的驱动方式、运行性能、反馈情况等进行设置。

(4)PLC(PMC)参数。PMC 系统参数是对 PLC 的输入/输出模块接口进行定义。PMC 用户参数 P[0]～P[99]共有 100 组,在 PLC 编程中调用,并由 PLC 程序定义其含义,用以实现不修改 PLC 源程序,而通过修改用户参数方法来调整一些 PLC 控制的过程参数,以适应现场要求。例如,润滑系统打开时间、润滑系统停止时间、主轴最低转速、主轴定向速度及换刀时间等。

(5)DNC 参数。DNC 参数主要对通信时所用的串口号、数据传输波特率、收发数据位长度等进行设置。

(6)参考点参数。参考点参数主要用来设置回参考点方式、回参考点方向、参考点位置、回参考点快移速度、回参考点定位速度等。

(7)硬件配置参数。对数控系统中相应的硬件进行设置,包括每个硬件的功能、控制方式以及每个硬件模块所对应的接口。硬件配置参数可以当作数控系统内部所有硬件设备的清单,共可配置 32 个部件(部件 0～部件 31),主要包括每个进给轴的硬件配置参数、输入/输出模块硬件配置参数以及主轴、手动等其他部件的硬件参数。每个部件包含五个参数。

(8)误差补偿参数。误差补偿参数主要用来设置反向间隙、螺补类型、补偿点数、补偿间隔等。

(9)外部报警信息。外部报警信息共有 16 个,用户可用在 PLC 编程中定义其报警条件,并设置报警信息的内容。

各参数的参数名、出厂设定值及意义参见参数手册。

2. 主要参数关系

华中 HNC－21 型数控系统主要参数关系如图 2－3－1 所示。其中,通道参数规定:

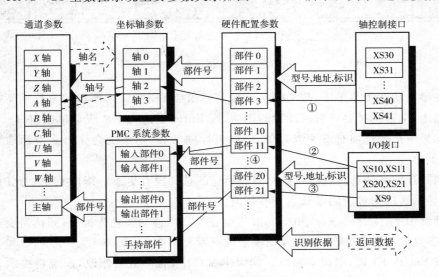

图 2－3－1　HNC－21 型数控系统主要参数关系图

(1)逻辑轴:X 轴、Y 轴、Z 轴、A 轴、B 轴、C 轴、U 轴、V 轴、W 轴。在同一通道中,逻辑

轴不可同名;在不同通道中,逻辑轴可以同名。例如,每个通道都可以有 X 轴。

(2)实际轴:轴 0~轴 15,每个轴在整个系统中都是唯一的,不能重复。

三、数控系统的参数设置与修改

1. 输入权限口令

数控机床在用户处安装调试后,一般不需要修改参数。在特殊情况下,如需要修改参数,首先应输入参数修改的权限口令,如图 2-3-2 所示,具体操作步骤如下:

图 2-3-2 参数口令输入

(1)在参数功能子菜单(见图 2-3-3)下按 F3 键,系统会弹出权限级别选择窗口。

(2)用 ↓、↑ 键选择权限,按 Enter 键确认,系统将弹出输入口令对话框。

(3)在输入口令对话框中输入相应的权限口令,按 Enter 键确认。

(4)若所输入的权限口令正确,则可进行此权限级别的参数修改;否则,系统会提示权限口令输入错。

2. 参数的设置与修改

在主操作界面下,按 F3 键进入参数功能子菜单。

图 2-3-3 参数功能子菜单

(1)在参数功能子菜单下,按 F1 键,系统将弹出如图 2-3-4 所示的参数子菜单。

(2)用 ↑、↓ 键选择要查看或设置的选项,按 Enter 键进入下一级菜单或窗口。

(3)如果所选的选项有下一级菜单,例如坐标轴参数,则系统会弹出该坐标轴参数选项的下一级菜单。

(4)用同样的方法选择、确定选项,直到所选的选项没有更下一级的菜单。此时,图形显示窗口将显示所选参数块的参数名及参数值。

(5)继续用 ↑、↓、←、→、Pgup、Pgdn 等键在窗口内移动蓝色光标条,到达需要查看或设置的其他参数处,直至完成窗口中各项参数的查看和修改。

(6)按 Esc 或 F1 键,退出本窗口。如果本窗口中,有参数被修改,系统将提示是否保存所修改的值(如图 2-3-5 所示),按 Y 键存盘,按 N 键不存盘;然后,系统提示是否将修改值作为默认值保存(如图 2-3-6 所示),按 Y 键确认,按 N 键取消。

(7)系统回到参数索引菜单,可以继续进入其他的菜单或窗口,查看或修改其他参数;若

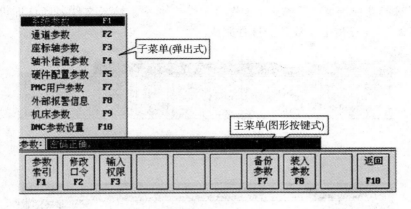

图 2-3-4 参数菜单

连续按 Esc 键,将最终退回到参数功能子菜单。如果有参数已被修改,则需要重新启动系统,以便使新参数生效。

图 2-3-5 是否保存参数修改值

图 2-3-6 是否当默认值保存

技能实训

一、实训器材

(1)华中世纪星数控系统综合实训台。

(2)万用表。

(3)专用工具。

(4)PC 键盘。

二、实训内容

(1)参数的备份与恢复。

(2)参数的设置。

(3)常见参数的修改与调试。

(4)参数故障的设置与诊断。

三、实训步骤

1. 参数的备份与恢复

(1)参数的备份。在修改参数前必须进行备份,防止系统调乱后不能恢复。

① 将系统菜单调至辅助菜单目录下,系统参数功能子菜单显示如图 2-3-3 所示。

② 选择参数的选项 F3,然后输入密码,参数系统菜单显示如图 2-3-7 所示。

③ 此时选择功能键 F7,系统显示如图 2-3-8 所示。输入文件名确认即可,文件名可以自己随意命名,这样整个参数备份过程完成。

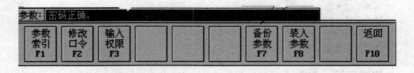

图 2-3-7 参数系统菜单

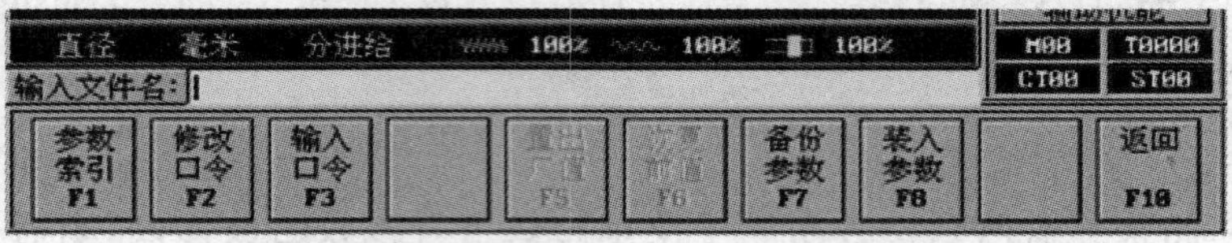

图 2-3-8 文件名输入

(2)参数的恢复与修改。参数恢复与修改的步骤如下:

① 执行参数备份的①、②过程。

② 按功能键 F8(装入参数),选择事先备份的参数文件,确认后即可恢复。

注意:华中世纪星数控系统参数在更改后一定要重新启动,修改的参数才能够起作用。

2. 进行主要参数的查看或设置

按前述操作步骤进行下面主要参数的查看或设置。

(1)与 PLC 单元相关的参数。数控装置的输入/输出开关量占用硬件配置参数中的三个部件(一般设为部件 20、部件 21、部件 22),如图 2-3-9 所示。数控装置中接口板卡的型号都设为 5301,其中部件 20 的标识为 13,部件 21 的标识为 14,部件 22 的标识为 15。

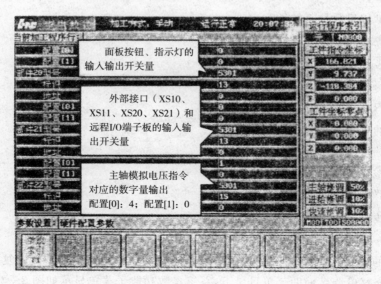

图 2-3-9 硬件配置参数中关于输入/输出开关量的设置

（2）与手持单元相关的参数。手持单元上的坐标选择输入开关量与其他部分的输入/输出开关量的参数统一设置，不需要单独设置参数。手持单元上的手摇脉冲发生器需要设置相关的硬件配置参数和 PMC 系统参数，如图 2-3-10、图 2-3-11 所示。通常在硬件配置参数中部件 24 被标识为手摇脉冲发生器（标识为 31，配置[0]为 5），并在 PMC 系统参数中引用。

（3）与主轴控制相关的参数。与主轴控制相关的输入/输出开关量与数控装置其他部分的输入/输出开关量的参数统一设置，不需要单独设置参数。主轴控制接口（XS9）中包含两个部件：主轴速度控制输出（模拟电压）和主轴编码器输入。主轴控制参数需要在硬件配置参数、PMC 系统参数和通道参数中设定。参数设置如图 2-3-9、图 2-3-12 所示。

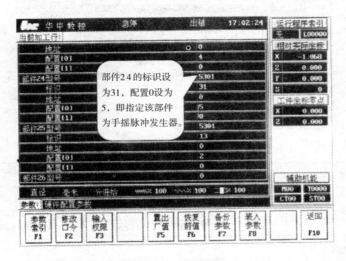

图 2-3-10　手持单元硬件配置参数的设置

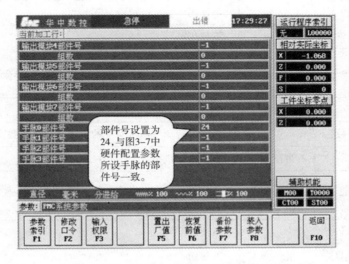

图 2-3-11　手持单元 PMC 系统参数的设置

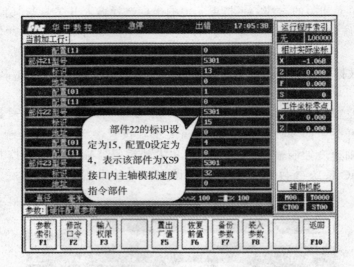

图 2-3-12　主轴速度控制（模拟电压）在硬件配置参数中的设置

（4）使用步进电动机时的有关参数。

① 坐标轴参数（见表 2-3-1）。

表 2-3-1　坐标轴参数的设置

参 数 名		参 数 说 明	参 数 范 围
伺服驱动装置型号	不带反馈	步进电动机不带反馈代码为 46	46
伺服驱动装置部件号		该轴对应的硬件部件号	0～3
位置环开环增益（0.01/s）		不使用	0
位置环前馈系数（1/10000）		不使用	0
速度环比例系数		不使用	0
速度环积分时间常数（ms）		不使用	0
最大转矩值		不使用	0
额定转矩值		不使用	0
最大跟踪误差	不带反馈	0	0
电动机每转脉冲数		电动机转动一圈所对应的输出脉冲当量数	10～60000
伺服内部参数[0]	不带反馈	步进电动机拍数	1～60000
伺服内部参数[1]	不带反馈	0	0
伺服内部参数[2]	不带反馈	0	0
伺服内部参数[3]		不使用	0
伺服内部参数[4]		不使用	0
伺服内部参数[5]		不使用	0

② 硬件配置参数（见表 2-3-2）。

表 2-3-2　硬件配置参数的设置

参数名	型号	标识	地址	配置[0]	配置[1]
部件 0	5301	不带反馈:46	0	D0~D3(二进制)： 轴号,0000~1111。 D4~D5(二进制)： 00——(缺省)单脉冲输出； 01——单脉冲输出； 10——双脉冲输出； 11——AB 相输出	0:编码器 Z 脉冲边沿。 8:编码器 Z 脉冲高电平。 -8:编码器 Z 脉冲低电平。 其他:以开关量代替 Z 脉冲
部件 1					
部件 2					
部件 3					

(5)使用脉冲接口伺服驱动系统时的有关参数。

① 坐标轴参数（见表 2-3-3）。

表 2-3-3　坐标轴参数的设置

参 数 名	参 数 说 明	参 数 范 围
伺服驱动装置型号	脉冲接口伺服驱动装置型号代码为 45	45
伺服驱动装置部件号	该轴对应的硬件部件号	0~3
位置环开环增益(0.01/s)	请在伺服驱动装置上设置	0
位置环前馈系数(1/10000)	请在伺服驱动装置上设置	0
速度环比例系数	请在伺服驱动装置上设置	0
速度环积分时间常数(ms)	请在伺服驱动装置上设置	0
最大转矩值	请在伺服驱动装置上设置	0
额定转矩值	请在伺服驱动装置上设置	0
最大跟踪误差	本参数用于"跟踪误差过大"报警	0~60000
电动机每转脉冲数	电动机转动一圈所对应的输出脉冲当量数	10~60000
伺服内部参数[0]	0	1~60000
伺服内部参数[1]	反馈电子齿轮分子	±1~±32000
伺服内部参数[2]	反馈电子齿轮分母	±1~±32000
伺服内部参数[3]	不使用	0
伺服内部参数[4]	不使用	0
伺服内部参数[5]	不使用	0

② 硬件配置参数(见表 2-3-4)。

表 2-3-4　硬件配置参数的设置

参数名	型号	标识	地址	配 置[0]	配 置[1]
部件 0				D0~D3(二进制): 轴号,0000~1111。	
部件 1	5301	45	0	D4~D5(二进制): 00一(缺省单脉冲输出; 01一单脉冲输出; 10一双脉冲输出; 11一AB相输出。	0
部件 2				D6~D7(二进制): 00一(缺省)AB相反馈;	
部件 3				01一单脉冲反馈	

(6)使用模拟接口伺服驱动时的有关参数。

① 坐标轴参数(见表 2-3-5)。

表 2-3-5　坐标轴参数的设置

参 数 名	参 数 说 明	参 数 范 围
伺服驱动装置型号	模拟接口伺服驱动装置型号代码为 41 或 42	41、42
伺服驱动装置部件号	该轴对应的硬件部件号	0~3
位置环开环增益(0.01/s)	根据机械惯性和需要的伺服刚性选择,设置值越大增益越高,刚性越高,相同速度下位置动态误差减小。但太大会造成位置超调甚至不稳定,一般可选择 3000	1~10000
位置环前馈系数(1/10000)	决定位置前馈增益,用于改善位置跟踪特性,减少动态跟踪误差,但太大会产生振荡甚至不稳定	0~10000
速度环比例系数	请在伺服驱动装置上设置	0
速度环积分时间常数(ms)	请在伺服驱动装置上设置	0
最大转矩值	请在伺服驱动装置上设置	0
额定转矩值	请在伺服驱动装置上设置	0
最大跟踪误差	本参数用于"跟踪误差过大"报警	0~60000
电动机每转脉冲数	电动机转动一圈所对应的输出脉冲当量数/4	10~60000
伺服内部参数[0]	1000rpm 时对应速度给定 D/A 数值	1~30000
伺服内部参数[1]	速度给定最小 D/A 数值	1~300
伺服内部参数[2]	速度给定最大 D/A 数值	1~32000
伺服内部参数[3]	位置环延时时间常数(ms)	0~8
伺服内部参数[4]	位置环零漂补偿时间(ms)	0~32000
伺服内部参数[5]	不使用	0

② 硬件配置参数(见表2-3-6)。

表2-3-6 硬件配置参数的设置

参数名	型号	标 识	地 址	配 置[0]	配 置[1]
部件0	5301	41:反馈极性正常; 41:反馈极性取反	0	D0~D3(二进制): 轴号:0000~1111; D6~D7(二进制); 00——(缺省)AB相反馈; 01——单脉冲反馈; 10——双脉冲输出; 11——AB相反馈	0
部件1					
部件2					
部件3					

3. 参数的修改与调试

(1)调节快移加减速时间常数及捷度时间常数。在数控机床轴参数里面含有快移加减速时间常数、加工加减速时间常数及捷度时间常数,这几个参数直接影响到机床运行时的状态。按下表修改这几个参数,观察各个轴运动时的变化,以及每个轴移动的状态,并将观察到的数据填写在表2-3-7中。

表2-3-7 快移/加工加减速时间常数及捷度时间常数的调节

快移/加工加减速 时间常数	快移/加工加减速捷 度时间常数	进给速度 F(m/min)	进给轴以相同速度起动和停止时的状态 (如轴运动时的声音、响应速度等)
256	128	1	
64	32	1	
16	16	1	
8	4	1	
4	4	1	

(2)正确设置 X 轴、Z 轴的正负软极限。机床实际操作过程中,为了机床的安全操作,为了防止机床撞击硬限位开关,所以要对机床设置一定的软极限。

① 先对机床进行回零操作,当界面机床坐标显示为零时,机床回零成功。

② 在机床的手动或者是手摇模式下使机床轴运动至超程,记下此时机床坐标的轴位置,得出每个轴的正负有效行程。

③ 将所得到的机床行程距离缩短5~10mm,输入到机床参数的轴参数中。

④ 重新起动系统,回零后,运行机床,检验所设极限是否有效。

注意:设置系统的软极限后,每次重新起动数控系统,必须重新回零后软极限才能够生效;华中世纪星系列的数控系统,正负软极限所设定的数值是半径值,所以系统界面上如果显示的是直径值,那么要将直径值换算成半径值再添加到系统参数中。

(3)改变机床回参考点的方式。数控机床回参考点的方式有以下三种:单向回参考点方式、双向回参考点方式、Z 脉冲方式。

① 观察不同回零方式下，工作台不同的动作过程，记录到表 2-3-8 中。

② 修改参考点位置与参考点开关偏差这两个参数，观察机床在回零时有什么变化。

表 2-3-8　机床回参考点方式实验

回 零 方 式	动 作 过 程	结　论
1（十—）		
2（十— 十）		
3（内部方式）		

注意：在采用第一种方式回零时，由于工作台的回零减速开关与正向限位之间的距离过短，回零时可能会发生超程的现象，所以回零时可以手动给定一个减速信号，回零过程中用手按下减速开关，然后观察机床的回零过程。

（4）将 X 轴、Z 轴进行互换参数设置实验。设置参数，将 X 轴、Z 轴进行互换，使工作台能够正常运行。

① 将轴参数中的伺服单元部件号 X 的改为 2，Z 轴的改为 0。

② 将硬件配置参数中的部件 0 的标识改为 45，配置[0]改为 48。

③ 将硬件配置参数中的部件 2 的标识改为 46，配置[0]改为 2。

④ 关机，将 X、Z 两指令线对调。

⑤ 重新启动系统运行，检查是否运行正常。

4. 参数故障的设置与分析

数控系统运行正常后，设置故障，记录故障现象，分析故障原因，填写表 2-3-9。

表 2-3-9　数控系统常见故障的设置

序号	故障设置方法	现象及分析	结论
1	将坐标轴参数中的轴类型分别设为 0～3，观察机床坐标轴运动坐标显示有什么现象		
2	将坐标轴参数中的外部脉冲当量的分子分母比值进行改动（增加或减少）观察机床坐标轴运动时有什么现象		
3	将坐标轴参数中的外部脉冲当量的分子或分母的符号进行改变（十或—）		
4	将坐标轴参数中的正负软极限的符号设置错误（正软极限设为负值或负软极限设为正值）		
5	将坐标轴参数中的定位允差与最大跟踪误差分别设为 5 和 1000，并快速移动工作台 Z 轴		

（续表）

序号	故障设置方法	现象及分析	结论
6	将 X 坐标轴参数中的伺服单元型号设置为 45，Z 坐标轴设置为 46，重新开机观察系统运行状况		
7	将 Z 坐标轴参数中的伺服内部参数 P[1]、P[2] 的任一符号进行改动，运行 Z 轴		
8	将部件 24 手摇的标识设置错误，观察手摇出现的现象		

四、技能考核

技能考核评价标准与评分细则见表 2-3-10。

表 2-3-10　华中数控系统参数的设定实训评价标准与评分细则

评价内容	配分	考核点	评分细则	得分
实训准备	10	清点实训器材、工具，并摆放整齐	每少一项实训器材扣 3 分，工具摆放不整齐扣 5 分	
操作规范	10	（1）行为文明，有良好的职业操守。 （2）实训完后清理、清扫工作现场	（1）迟到、做其他事酌情扣 10 分以内。 （2）未清理、清扫工作现场扣 5 分	
实训内容	80	（1）参数的备份与恢复。 （2）参数的设置。 （3）参数的修改与调试。 （4）参数故障的设置与诊断	（1）不会备份与恢复参数扣 10~20 分。 （2）设置错误，每处扣 10 分。 （3）不会修改参数扣 10~20 分。 （4）故障原因不会分析，每处扣 10 分	
工时			120 分钟	

※※

思 考 题

（1）参数设置对数控系统的运行有什么作用和影响？

（2）简述 HNC-21TF 型数控装置参数的设置方法。

（3）将 X 轴的指令线接到 XS31 接口上，应该怎样设置参数？

（4）用 XS30 接口控制主轴变频器，应该怎样设置参数才能使变频器正常工作？

（5）一台普通数控车床，两个进给轴的伺服驱动器和伺服电动机的型号都相同，在运行过程中，Z 轴出现不运动且显示跟踪误差过大的故障，试说明怎样用互换法来确定故障部件。

※※

任务 2－4　步进电动机驱动系统的调试与检修

【学习目标】

(1)熟悉步进电动机的运行原理及其驱动系统的连接。

(2)熟悉步进电动机的性能特性。

(3)掌握步进电动机驱动器参数设置与调试的基本方法。

(4)了解步进驱动系统的简单故障现象和原因。

(5)了解步进电动机驱动系统的加减速特性。

相关知识

一、步进电动机的工作原理

步进电动机是一种能将数字脉冲信号输入转换成旋转增量运动的电磁执行元件,每输入一个脉冲,步进电动机转轴步进一个步距角增量。因此,步进电动机能很方便地将电脉冲转换为角位移,具有较好的定位精度、无漂移和无积累定位误差的优点。它能跟踪一定频率范围的脉冲序列,可作同步电动机使用,广泛地应用于各种小型自动化设备及仪器中。

步进电动机按转矩产生的原理可分为反应式,永磁式及混合式步进电动机;根据控制绕组的数量上可分为二相、三相、四相、五相、六相步进电动机;从电流的极性上可分为单极性和双极性步进电动机;根据运动的型式可分为旋转、直线和平面步进电动机。

1. 永磁式步进电动机

如图 2－4－1 所示,永磁式步进电动机定子绕组分为 U、V 两相,分别通以双极性电流 i_U、i_V 激励,如图 2－4－1b 所示。此时,定子产生磁势 F_S,转子为一对磁极的永磁体,产生磁势 F_R,如图 2－4－1a 所示,转子的平衡位置处于 F_R 与定子合成磁场 F_S 相重合处。

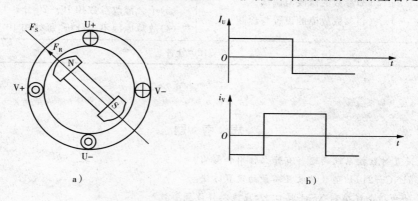

图 2－4－1　二相永磁式步进电动机的结构原理图
a)基本结构　b)励磁绕组电流波形

当按图 2－4－1b 的时序改变激磁电流时,F_S 每次移动 $\pi/2$(反时针方向),转子也将跟着 F_S 移动 $\pi/2$,处于新平衡位置。由于在一次通电循环之后,共有四次电流变化(称为四拍),

转子恰好转了一圈,故可计算出步进电动机的步距角 α 为

$$\alpha=\frac{360°}{mP}=\frac{360°}{4\times1}=90°$$

式中,m——循环拍数;P——磁极对数。若改变电流的相序,永磁式步进电动机将反转。

　　由于结构的原因,永磁式步进电动机只适用于大步距应用场合,其优点是电感小,可用较低电压驱动,但由于步距大,静刚度小。

　　2. 三相反应式步进电动机

　　如图 2-4-2 所示,反应式步进电动机的定子上有六个磁极,分成三对,称为三相。磁极上的绕组分为 U、V、W 三相,分别通以单极性励磁电流。定子每相磁极上分布有小齿,具有与转子齿相同的齿距和齿形。当 U 相磁极小齿与转子齿对齐时,V 相磁极小齿与转子齿错开 1/3 齿距,W 相磁极小齿与转子齿错开 2/3 齿距。如果以 U−V−W−U(三拍)方式通电时,U 相通电励磁后,即建立了以 U−U' 为轴线的磁场,该磁场通过由定、转子所组成的磁路,并使转子齿在磁场力的作用下与定子小齿对齐,如图 2-4-2a 所示。接着,在 U 相切断的同时,V 相接通,建立以 V−V' 为轴线的磁场。此时,转子齿在磁场力的作用下与 V 相定子小齿对齐。同理,在 V 相切断的同时,W 相接通,转子齿在磁场力的作用下与 W 相定子小齿对齐。在这样一次通电循环之后,转子转过一个齿距角,由此可计算出步距角 α 为

$$\alpha=\frac{360°}{mZ}=\frac{360°}{3Z}$$

式中,Z——转子总齿数;m——循环拍数。

　　若按图 2-4-2b 的通电时序 WU−U−UV−V−VW−W−WU(六拍方式)通电,一次通电循环之后,转子也转过一个齿距,其步距角为 α 为

$$\alpha=\frac{360°}{2mZ}=\frac{360°}{6Z}$$

　　由于 Z 可以取较大值,如 $Z=50\sim100$,α 可以小到 1° 以下,故反应式步进电动机适用于小步距的场合应用。其优点是步距小,静刚度大,但由于电感大,因此需要较高的电压驱动。

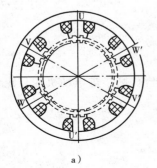
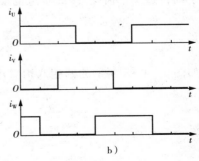

a)　　　　　　　　　　　　　　　　　　b)

图 2-4-2　三相反应式步进电动机结构原理图

a)基本结构　b)励磁电流波形(六拍)

3. 混合式步进电动机

混合式步进电动机综合了永磁式和反应式步进电动机两者的优点,因而得到广泛的应用。图 2-4-3 为二相混合式步进电动机动结构原理图,定子与反应式步进电动机类似,磁极上有控制绕组,磁极表面有小齿。绕组为 U、V 两相,并通以双极性电流激励。转子铁芯分成两段,中间有一环形永磁体,充磁方向为轴向,两段转子铁芯的齿数和齿形完全一样,但相对位置沿圆周方向相互错开 1/2 齿距角,即齿与槽相对。由于永磁体的作用,其转子的齿带有固定的极性。若 U 相通以正向电流,U 相磁极产生的极性为:U_1 和 U_3 为 S 极,U_2 和 U_4 为 N 极。由于转子齿左段为 N 极性,故 U_1 和 U_3 极的定子齿与转子齿对齐,而 U_2 和 U_4 的定子齿因与转子齿同极性,形成齿槽相对;在转子的右段,情况与左段相反,U_2 和 U_4 的定子齿与转子齿对齐,而 U_1 和 U_3 则为齿槽相对。磁路走向如图 2-4-3 中箭头所示的方向沿轴向穿过转子左段,沿径向通过气隙和定子磁极,再沿轴向经过定子轭,沿径向通过定子磁极和气隙,进入右段转子。若 U 相通以负向电流,U_1 和 U_3 变为 N 极性,U_2 和 U_4 变为 S 极,齿槽对应的情况与上述相反,也即电流从正方向改变为负方向后,转子将转过 1/2 齿距,当 U_1 磁极的定子齿与转子齿对齐时,V 相的 V_1 磁极定子齿与齿之间错开了 1/4 齿距,因此 U 相正电流转换为 V 相正电流时,转子将转过 1/4 齿距。

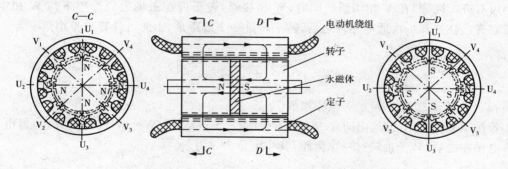

图 2-4-3　两相混合式步进电动机结构原理图

若步进电动机通以如图 2-4-4 所示的两相双极性励磁电流,在任何时刻 U、V 相都存在电流,步进电动机的电磁转矩为两相合成,转子的平衡位置则处于 U、V 相两个平衡位置之间。每一次电流变化,转子就会转过 1/4 齿距。一个电流周期,共发生四次电流转换(称为四拍),转子则转过 1 个齿距,因此步进电动机的步距角 α 为

$$\alpha = \frac{360°}{mZ} = \frac{360°}{4Z}$$

若通以如图 2-4-5 所示的两相八拍双极性励磁电流,则步进电动机的步距角 α 为前者的 1/2,即

$$\alpha = \frac{360°}{8Z}$$

称细分系数为 2。

若 U、V 两相励磁电流按图 2-4-6 所示分成 40 等份的余弦函数和正弦函数采样点给定电流,则一个电流周期的循环拍数将为 40,故步进电动机的步距 α 将成为

$$\alpha=\frac{360^\circ}{40Z}$$

称细分系数为 10。改变上述两相电流的采样点数,可以在一个驱动器上实现多种细分系数(或称为每转步数)。

在三相、五相步进电动机中,定子磁极对数随之增加,相应地也增加了通电循环的拍数,在一定的转子齿数下,可获得更小的步距角,其结构原理与两相步进电动机相似。

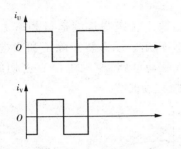

图 2-4-4　两相双极性励磁电流

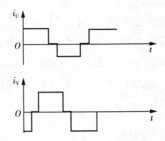

图 2-4-5　两相八拍双极性励磁电流

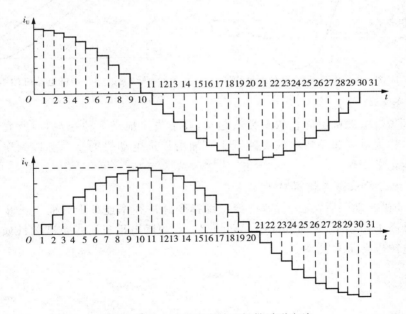

图 2-4-6　两相四十拍双极性励磁电流

二、步进电动机的主要特性

1. 步距角和步距误差

每改变一次步进电动机定子绕组的通电状态,转子所转过的机械角度称为步距角。步进电动机的实际步距角与理论步距角之差称为步距误差。连续走若干步时,上述误差形成累积值,转子转过一圈后,回至上一转的稳定位置,因此步进电动机步距的误差不会长期积累。步进电动机步距的积累误差,是指一转范围内步距积累误差的最大值,步距误差和积累误差通常用度、分或者步距角的百分比表示。影响步距误差和积累误差的主要因素有:齿与磁极的分度精度、铁心叠压及装配精度、各相矩角特性之间差别的大小、气隙的不均匀程度等。

2. 静态转矩和矩角特性

当步进电动机不改变通电状态时,转子处在不动的状态,称为静态。如果在电动机轴上外加一个负载转矩,使转子按一定方向转过一个角度 θ,此时转子所受的电磁转矩 T 称为静态转矩,角度 θ 称为失调角。描述静态时 T 与 θ 的关系叫矩角特性,该特性上的电磁转矩最大值称为最大静转矩。在静态稳定区内,当外加转矩除去时,转子在电磁转矩作用下,仍能回到稳定平衡点位置 ($\theta = 0$),如图 2-4-7 所示。

3. 矩频特性与动态转矩

矩频特性是用来描述步进电动机连续稳定运行时,输出转矩与连续运行频率之间的关系。矩频特性曲线上每一个频率所对应的转矩称为动态转矩。动态转矩除了和步进电动机结构及材料有关外,还与步进电动机绕组的连接方式、驱动电路、驱动电压有密切的关系。图 2-4-8 是混合式步进电动机连续运行时的典型矩频特性曲线。

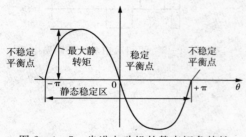

图 2-4-7 步进电动机的静态矩角特性

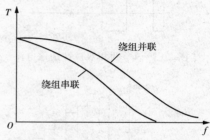

图 2-4-8 步进电动机的矩频特性

4. 最高起动频率 f_q

空载时,步进电动机由静止状态突然起动,并不失步地进入稳速运行,所允许的起动频率的最高值,称为最高起动频率或突跳频率。加给步进电动机的指令脉冲频率如大于起动频率,就不能正常工作。

5. 连续运行的最高工作频率 f_{max}

步进电动机起动以后,其运行速度能跟踪指令脉冲频率连续上升而不丢步的最高工作频率,称为最高工作频率,其值远大于起动频率。它也随电动机所带负载的性质和大小而不同,与驱动电源也有很大关系。

技能实训

一、实训器材

(1)华中世纪星数控系统综合实训台。

(2)万用表。

(3)螺旋刀等工具。

二、实训内容

(1)步进电动机驱动器参数的设置。

(2)步进电动机绕组的连接。

(3)步进电动机的特性测定。

(4)步进驱动器故障的设置与诊断。

三、实训步骤

1. 步进电动机驱动器参数的设置

（1）步进电动机驱动器的电流选择。步进电动机驱动器有多种规格的相电流以供选择，用来驱动不同功率的步进电动机。通过拨码开关 SW1、SW2、SW3 可以选择驱动器相电流的大小，表 2-4-1 是不同的拨码开关在不同状态时对应的电动机相电流。

表 2-4-1　步进电动机驱动器相电流的选择

拨码开关 电动机相电流（A）	SW1	SW2	SW3
1.3	1	1	1
1.6	0	1	1
1.9	1	0	1
2.2	0	0	1
2.5	1	1	0
2.9	0	1	0
3.2	1	0	0
3.5	0	0	0

（2）步进电动机驱动器半流功能的设定。步进电动机由于静止时的相电流很大，所以一般驱动器都提供半流功能。如果步进驱动器在一定时间内没有接收到脉冲，它就会自动将电动机的相电流减小为原来的一半，用来防止驱动器过热。

实训台所用的 M535 型驱动器也提供此功能。将拨码开关拨到 OFF，半流功能开；将拨码开关拨至 NO，半流功能关。

（3）步进电动机驱动器细分系数的设定。步进电动机驱动器的细分就是将脉冲拍数进行细分或将旋转磁场进行数字化处理，从而可使电动机运行更加稳定平滑，降低工作时的噪声。步进电动机驱动器细分系数的设定见表 2-15。

表 2-4-2　步进电动机驱动器细分数的设定

拨码开关 细分系数	SW5	SW6	SW7	SW8
2	1	1	1	1
4	1	0	1	1
8	1	1	0	1
16	1	0	0	1
32	1	1	1	0
64	1	0	1	0
128	1	1	0	0
256	1	0	0	0

2.步进电动机绕组的串、并联连接

本实训台所用的步进驱动器是两相驱动器,所用电动机具有四个绕组。用两相步进驱动器控制四个绕组步进电动机时,可以将步进电动机的四个绕组两两并联或串联在一起,当作两相电动机使用。

(1)步进电动机绕组的并联连接。如图2-4-9所示,将电动机的绕组进行并联连接。

① 将电动机绕组端子A+、C-并在一起接到驱动器A+端子上。

② 将电动机绕组端子A-、C+并在一起接到驱动器A-端子上。

③ 将电动机绕组端子B+、D-并在一起接到驱动器B+端子上。

④ 将电动机绕组端子B-、D+并在一起接到驱动器B-端子上。

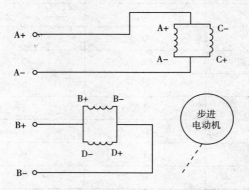

图2-4-9 步进电动机绕组并联连接

注意:绕组并联后,应将步进电动机的电流设置为电动机相电流的1.4倍,才不至于影响低频段的输出转矩。

(2)步进电动机绕组的串联连接。根据数控系统综合实训台电气原理图提供的电动机绕组串联接法进行连接。

① 将电动机绕组端子A+接到驱动器A+端子上。

② 将电动机绕组端子A-、C-串接在一起。

③ 将电动机绕组端子C+接到驱动器A-端子上。

④ 将电动机绕组端子B+接到驱动器B+端子上。

⑤ 将电动机绕组端子B-、D-串接在一起。

⑥ 将电动机绕组端子D+接到驱动器B-端子上。

注意:绕组串联后,应将步进电动机的电流设置为额定电流的0.7倍,才不至于影响低频段的输出转矩。

(3)通电试运行。电动机绕组串联或并联连接完成后,进行通电试运行。

① 检查线路和电源,确认无误。

② 用手动或手摇发送脉冲,控制电动机慢速转动和正反转。

③ 在没有堵转等异常声音情况下,逐渐控制电动机快速转动。

3.步进电动机的特性测定

(1)测定步进电动机的空载起动频率。

① 让步进电动机空载,在步进电动机轴伸处作一标记,由数控系统设置步进电动机整

数转的位移和速度,将加减速时间常数也设置为零。

② 步进电动机处于锁定状态下,执行运转命令。

③ 当步进电动机突然起动并突然停止后,从轴伸标记处判断步进电动机是否失步。

④ 若起动成功,则提高速度参数测试,直至某一临界速度,由此速度换算出电动机的空载起动频率。

⑤ 在工作台上增加一定的负载,再按上述步骤测定步进电动机的空载起动频率,并与前次进行比较有什么区别。

⑥ 将步进电动机驱动器的电流减半,再次按上述步骤测定步进电动机的空载起动频率,并与前两次进行比较有什么区别。

(2)测定步进电动机的静转矩特性。

① 步进电动机处于锁定状态(即不发送脉冲给驱动器)。

② 用测力扳手或悬挂砝码给步进电动机施加外加转矩 T,并读取对应的转子轴偏转角 θ(根据记录的工件实际坐标值换算),记录一组转矩 T 与偏转角 θ 的数据,直至最大转矩点。

③ 按下式计算步进电动机的静态刚度 K。

$$K = \frac{dT}{d\theta} = \frac{\Delta T}{\Delta \theta}$$

注意:由于在锁定状态时,驱动器电流自动地减半,因此实际静观态刚度还可能增大一倍。

④ 将记录和计算的数据填入表 2-4-3 中。

表 2-4-3　步进电动机的静转矩特性

坐标值(mm)							
角位移(°)							
转矩值(N·m)							
静态刚度[N·m/(°)]							

(3)测定步进电动机的运行矩频特性。

① 将步进电动机与磁粉制动器用联轴器相连接,由数控系统设置步进电动机的速度(即为步进电动机的运行频率),且将加减速时间常数设置为1s以上。

② 步进电动机在锁定状态下,执行起动命令,电动机将加速至所给定转速。待速度稳定后,调节磁粉制动器的励磁电流,逐渐加大负载,直至步进电动机失步停转,记录该励磁电流值。

③ 增加步进电动机的速度给定值,重复上述步骤,记录新转速下使步进电动机失步的励磁电流值。

④ 由磁粉制动器特性曲线,获取对应励磁电流的制动转矩值(N·m),由速度指令值换算出频率值,即可绘出步进电动机的运行矩频特性。

⑤ 将记录数据填入表 2-4-4。

表 2-4-4　步进电动机的运行矩频特性

运行频率(Hz)					
负载转矩(N·m)					

数控机床维修技能实训

4. 步进驱动器故障的设置与诊断

按表 2-4-5 的内容进行相应故障的设置,记录故障现象,分析故障原因。

表 2-4-5 步进驱动器故障的设置与分析

序号	故障设置方法	故障现象	结论
1	将步进电动机的电源线 A+ 与 A- 进行互换,进入系统,手动运行 X 轴,观察故障现象		
2	将步进驱动器的电流设定值减小一半,运行 X 轴与正常情况下进行比较		
3	将 X 轴的指令线中的 CP+、CP- 进行互换,运行 X 轴与正常情况下进行比较		
4	将 X 轴的指令线中的 DIR+、DIR- 进行互换,运行 X 轴与正常情况下进行比较		
5	将 X 轴的指令线中的 DIR+、DIR- 任意取消一根,运行 X 轴与正常情况下进行比较		
6	只将绕组 A、B 与步进驱动器连接,将 C、D 两绕组与驱动器断开,运行 X 轴与正常情况下进行比较		

四、技能考核

技能考核评价标准与评分细则见表 2-4-6。

表 2-4-6 步进电机驱动系统的调试与检修实训评价标准与评分细则

评价内容	配分	考核点	评分细则	得分
实训准备	10	清点实训器材、工具,并摆放整齐	每少一项实训器材扣 3 分,工具摆放不整齐扣 5 分	
操作规范	10	(1)行为文明,有良好的职业操守。 (2)实训完后清理、清扫工作现场	(1)迟到、做其他事酌情扣 10 分以内。 (2)未清理、清扫工作现场扣 5 分	
实训内容	80	(1)参数设置。 (2)步进电动机绕组的连接。 (3)步进电动机的特性测定。 (4)步进驱动器故障的设置与处理	(1)参数设置,每错一处扣 10 分。 (2)绕组的连接,每错一处扣 10 分。 (3)特性测定(选一项),未完成扣 20 分。 (4)故障设置与处理,每错一处扣 10 分	
工时		120 分钟		

※※

思　考　题

(1)步进电动机有哪几种类型？各有什么特点？数控机床常用哪种类型的步进电动机？

(2)简述步进驱动系统参数设置的基本方法。

(3)用两相步进驱动器驱动四相步进电动机时,电动机绕组应怎样连接？

(4)某数控车床用步进驱动装置驱动,X轴出现丢步现象,则可能的故障原因有哪些？

※※

任务 2-5　交流伺服系统的调整与检修

【学习目标】

(1)熟悉交流伺服系统的构成结构和工作原理。

(2)掌握伺服电动机、驱动器、数控系统三者之间的连接方法。

(3)掌握交流伺服电动机及驱动器的性能、特性。

(4)了解交流伺服系统的动态特性及其参数的调整方法。

(5)了解交流伺服系统的简单故障现象和处理。

相关知识

一、交流伺服电动机的类型

交流伺服电动机可依据电动机运行原理的不同,分为永磁同步电动机、永磁无刷直流电动机、感应(或称异步)电动机和磁阻同步电动机。所有这些电动机具有相同的三相定子绕组结构。

(1)感应式交流伺服电动机。感应式交流伺服电动机的转子电流由滑差电势产生,并与磁场相互作用产生转矩。感应式交流伺服电动机的主要优点是无刷、结构坚固、造价低、免维护、对环境要求低,其主磁通用励磁电流产生,很容易实现弱磁控制,最高转速可以达到4~5倍的额定转速;它的缺点是需要励磁电流、内功率因数低、效率较低、转子散热困难、要求较大的伺服驱动器容量、电动机的电磁关系复杂,要实现电动机的磁通与转矩的控制比较困难,电动机非线性参数的变化影响控制精度,必须进行参数在线辨识才能达到较好的控制效果。

(2)永磁同步交流伺服电动机。永磁同步交流伺服电动机的气隙磁场由稀土永磁体产生,转矩控制由调节电枢的电流实现;转矩的控制较感应电动机简单,并且能达到较高的控制精度;转子无铜、铁损耗,效率高,内功率因数高,也具有无刷免维护的特点,体积和惯量小,快速性好;在控制上需要轴位置传感器,以便识别气隙磁场的位置;价格较感应电动机贵。

(3)永磁无刷直流伺服电动机。永磁无刷直流伺服电动机的结构与永磁同步伺服电动机相同,借助较简单的位置传感器(如霍耳磁敏开关)的信号,控制电枢绕组的换向,控制最为简单。由于每个绕组的换向都需要一套功率开关电路,其电枢绕组的数目通常只采用三相,相当于只有三个换向片的直流电动机。因此,运行时电动机的脉动转矩大,易造成速度的脉动,需要采用速度闭环控制才能使电动机实现低速平稳运行。该电动机的气隙磁通为方波分布,可降低电动机制造成本。

(4)磁阻同步交流伺服电动机。磁阻同步交流伺服电动机的转子磁路具有不对称的磁阻特性,无永磁体或绕组,也不产生损耗,其气隙磁场由定子电流的励磁分量产生。定子电流的转矩分量则产生电磁转矩,内功率因数较低,要求较大的伺服驱动器容量;也具有无刷、免维护的特点,并克服了永磁同步电动机弱磁控制效果差的缺点,可实现弱磁控制,速度控制范围可达到 0.1~10000r/min;也兼有永磁同步电动机控制简单的优点,但需要轴位置传感器;价格较永磁同步电动机便宜,但体积较大些。

目前,应用较为广泛的交流伺服电动机产品主要是永磁同步伺服电动机及无刷直流伺服电动机。

二、永磁同步伺服电动机工作原理

如图 2-5-1 所示,永磁同步型交流伺服电动机的转子是一个具有两个磁极的永磁体。当同步型电动机的定子绕组接通电源时,产生旋转磁场(N_s,S_s),以同步转速 n_s 逆时针方向旋转。根据两异性磁极相吸的原理,定子磁极 N_s(或 S_s)紧紧吸住转子,以同步转速 n_s 在空间旋转,即转子和定子磁场同步旋转。

当电动机转子的负载转矩增大时,定子磁极轴线与转子磁极轴线间的夹角 θ 增大;当负载转矩减小时,θ 角减小。但只要负载不超过一定的限度,转子就始终跟着定子旋转磁场同步转动。此时,转子的转速只决定于电源频率和电动机的磁极对数,而与负载大小无关。当负载转矩超过一定的限度,电动机就会"丢步",即不再按同步转速运行,直至停转。这个最大限度的转矩称为最大同步转矩。因此,使用永磁同步电动机时,负载转矩不能大于最大同步转矩。

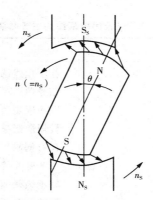

图 2-5-1 永磁同步交流伺服电动机结构原理图

三、交流伺服系统的组成

交流伺服系统主要由下列几个部分构成,如图 2-5-2 所示。

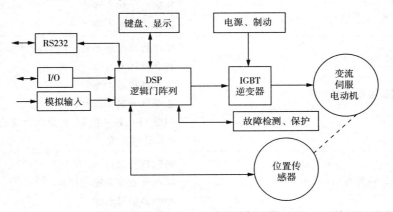

图 2-5-2 交流伺服系统的组成

（1）交流伺服电动机。交流伺服电动机可分为永磁同步交流伺服电动机，永磁无刷直流伺服电动机、感应伺服电动机及磁阻式伺服电动机。

（2）PWM功率逆变器。PWM功率逆变器可分为功率晶体管逆变器、功率场效应管逆变器、IGBT逆变器（包括智能型IGBT逆变器模块）等。

（3）微处理器控制器及逻辑门阵列。微处理器控制器及逻辑门阵列可分为单片机、DSP数字信号处理器、DSP＋CPU、多功能DSP（如TMS320F240）等。

（4）位置传感器（含速度）。位置传感器可分为旋转变压器、磁性编码器、光电编码器、光栅、磁栅等。

（5）电源及能耗制动电路。

（6）键盘及显示电路。

（7）接口电路，包括模拟电压、数字I/O及串口通信电路。

（8）故障检测及保护电路。

四、交流伺服系统的主要故障及诊断

交流伺服系统的主要故障及诊断见表2-5-1。

表2-5-1　交流伺服系统的主要故障及诊断

序号	故障现象	故障可能原因
1	电动机不转	控制模式选择不当。 信号源选择不当。 转矩限制禁止设定不当。 转矩限制被设置为0。 没有伺服ON信号。 指令脉冲禁止有效。 轴承锁死。 限位开关开路，驱动禁止
2	电动机转速不均匀或转速低于指令值	增益时间常数选择不当。 速度或位置指令不稳定。 伺服ON、转矩限制、指令脉冲禁止信号有抖动。 速度指令包含噪声。 信号线接触不良
3	定位精度不准	指令脉冲波形不好，变形或太窄。 指令脉冲上有噪声干扰。 位置环增益太小。 指令脉冲频率过高。 伺服ON、转矩限制、指令脉冲禁止信号有抖动。 Z相脉冲丢失
4	初始位置变动	回归速度太高。 原点接近开关输出抖动。 编码器信号有噪声

（续表）

序号	故障现象	故障可能原因
5	电动机异常响声或振动	速度指令包含噪声。 增益过高。 机械共振。 电动机的机械故障
6	电动机过热	增益不当。 驱动器与电动机配合不当。 电动机轴承故障。 驱动器故障
7	接通伺服驱动器动力电源，即出现报警信号	伺服电动机强电电缆相序错。 位置反馈电缆接错

五、交流伺服驱动系统的主要报警内容

交流伺服系统的主要报警内容及原因见表 2-5-2。

表 2-5-2 交流伺服系统的主要报警内容及原因

报警号	内容	主要原因
61H	过电压	输入交流电压过高。 负载惯性太大。 内置再生电路无效。 驱动器内部电路故障
62H	欠电压	输入交流电压过低。 主电路整流器损坏。 输入电压下降或出现瞬时断路。 驱动器内部电路故障
63H	缺相	输入强电电源中缺少一相。 控制器内置电路故障
21H	过电流	电动机接线短路或有一相接地。 驱动器与电动机接线短路。 PC 板错误或电源模块错误。 检测电源模块（IPM）错误
51H	控制器过热	伺服控制器内部电路故障。 再生功率太大。 控制器内的风扇停止工作
41H	过载	有效转矩超额定负载时间过长。 机械干扰。 电动机接线错误。 控制器控制面板或电源模块错误。 伺服电动机编码器故障

（续表）

报警号	内 容	主 要 原 因
81H 83H 85H 91H	编码器出错	编码器电缆不合格或者接头松动。 无 A 和 B 相脉冲。 噪声干扰。 接地、屏蔽不良。 控制器控制电路错误
D1H	定位偏差太大	指令脉冲频率太高或加减速时间太短。 负载惯性太大或电动机容量太小。 转矩限制太低。 参数错误，如位置增益太小。 控制器控制电路错误

技能实训

一、实训器材

（1）华中世纪星数控系统综合实训台。

（2）螺丝刀等工具。

二、实训内容

（1）伺服驱动器的调节。

（2）交流驱动器故障的设置与诊断。

三、实训步骤

1. 伺服驱动器的调节

通过修改伺服驱动器的通用参数，改变驱动器的运行性能。

（1）实训台所选用的三洋驱动器操作面板有五个按键，可以通过这五个按键来进行参数的修改和调试，其功能见表 2-5-3。

表 2-5-3 伺服驱动器按键的功能

键名	标 志	输 入 时 间	功 能
确认键	WR	1s 钟以上	确认选择和写入后的编辑数据
光标键	▶	1s 钟以内	选择光标位
上键	▲	1s 钟以内	在正确的光标位置按键改变数据，当按下 1s
下键	▼	1s 钟以内	或更长时间，数据上下移动
模式键	MODE	1s 钟以内	选择显示模式

注：确认键 WR 与选择光标位的光标键是同一个按键，按的时间长短不同，功能也不同。

（2）位置比例增益 PA000 的设置。

① 设置位置环调节器的比例增益。

② 设置值越大，则增益越高、刚度越大，在相同频率指令脉冲条件下，位置滞后量越小。但数值太大可能会引起振荡或超调。

③ 参数数值由具体的伺服系统型号和负载情况确定。

按表 2-5-4 对驱动器的位置比例增益进行设置，然后让系统以一个固定的频率给驱动器发送脉冲，即让 Z 轴以一个固定的速度运行，选择系统跟踪误差显示模式，将运行稳定时的跟踪误差值填入表中。

表 2-5-4　驱动器的位置比例增益设置

位置比例增益值	5	20	30	200	500	1000	1500
系统跟踪误差值							

（3）速度比例增益 PA002 的设置。

① 设定速度调节器的比例增益。

② 设置越大，则增益越高、刚度越大。一般情况下，负载惯量越大，设定值越大。

③ 参数数值根据具体的伺服驱动系统型号和负载值情况确定。在系统不产生振荡的条件下，尽量设定较大的值。

按表 2-5-5 对驱动器的速度比例增益进行设置，然后让系统以一个固定的频率给驱动器发送脉冲，即让 Z 轴以一个固定的速度运行，然后选择系统跟踪误差显示模式，将运行稳定时的跟踪误差值填入表中。

表 2-5-5　驱动器的速度比例增益设置

速度比例增益值	5	20	30	200	500	1000	1500
系统跟踪误差值							

（4）速度积分时间常数 PA003 的设置。

① 设置速度调节器的积分常数。

② 设置值越小，则积分速度越快。一般情况下，负载惯量越大，设定值越大。

③ 参数数值根据具体的伺服驱动系统型号和负载情况确定。在系统不产生振荡的条件下，尽量设定较小的值。

按表 2-5-6 对驱动器的速度积分时间常数进行设置，然后让系统以一个固定的频率给驱动器发送脉冲，即让 Z 轴以一个固定的速度运行，然后选择系统跟踪误差显示模式，将运行稳定时的跟踪误差值填入表中。

表 2-5-6　驱动器的速度积分时间常数设置

速度环比例增值	800	500	200	50	20	6	1
系统跟踪误差值							

（5）根据表 2-5-7 对伺服驱动器进行调试，把观察到的工作台、伺服电动机及系统的状态记录下来。

表 2-5-7　伺服驱动器的调试

位置比例增益值	5	15	30	50	150	300	600	1200	1500
速度比例增益值	5	20	50	70	140	200	300	400	800
速度积分时间常数	1000	500	20	15	12	10	7	5	1
系统跟踪误差									
工作台运行状态									
伺服电动机运行状态									

2. 交流伺服驱动器的故障设置与诊断

按表 2-5-8 进行伺服驱动器的故障设置与诊断。

表 2-5-8　交流伺服驱动器的故障设置与诊断

序号	故 障 设 置 方 法	故 障 现 象	结　论
1	将伺服电动机三相电源中的任意两相进行互换,运行 Z 轴,观察机床及驱动器的现象		
2	将伺服电动机的强电电源中的三相任意取消一相,运行 Z 轴,观察系统及驱动器的现象		
3	将伺服驱动器的控制电源中的 24V 断开,运行 Z 轴,观察系统及驱动器的现象		
4	将系统的输出信号 Y17 断开,运行 Z 轴,观察系统及驱动器的现象		
5	将伺服驱动器的码盘线人为的松动或断开,观察系统及驱动器的现象		
6	将系统参数中的硬件配置参数中的部件 2 的配置 0 由 50 更改为 2,运行 Z 轴,观察系统及驱动器的现象		
7	将系统参数中的硬件配置参数中的部件 2 的配置 0 由 50 更改为 34,伺服参数 PA400 设为 20H,运行 Z 轴		

3. 伺服电动机的特性测定

(1)测试交流伺服电动机的稳速误差。

① 接通伺服驱动器电源,将给定方式设置为内部给定"PA800＝01H",给定转速设置为 3000r/min(额定转速),即 PA10A＝3000,然后保存参数到 EEPROM 中,断开伺服驱动器电源。

② 将伺服电动机与负载联轴器连接起来,接通伺服驱动器电源后,再接通伺服 ON,打开监视器模式,选择转矩项"ob07",按 WR 键,显示伺服电动机输出转矩百分数,逐渐增加电动机的负载转矩至额定转矩,再转换至显示速度项"ob05",读取伺服电动机的实际转速。

③ 调整主电源的输入电压至 110％额定电压(220 伏),保持负载转矩不变,记录伺服电动机的实际转速。

④ 再将主电源输入电压调至 85％额定电压(170 伏),保持负载转矩不变,记录伺服电动机的实际转速。

⑤ 计算电压变化时伺服电动机的稳速误差：$\Delta n=$（实际转速－额定转速）/额定转速×100%，将相关数据填入表 2-5-9 中。

表 2-5-9　伺服电动机的稳速误差

项　目	110%额定电压(220V)	85%额定电压(170V)
伺服电动机实际转速(r/min)		
稳速误差(%)		

（2）测试位置闭环下伺服电动机的静态刚度。

① 接通伺服驱动器电源，将控制方式设置为位置控制方式（ru08＝02H），然后保存参数到 EEPROM，断开伺服驱动器电源。

② 伺服电动机输出轴与负载联轴器相连接，接通伺服驱动器电源后，再接通伺服 ON，这时伺服电动机停止不动，处于定位状态。

③ 将转矩监视器信号输出 MON1 及 SG 接至示波器或万用表电压挡，打开监视器模式，选择位置偏差项"ob09"，按 WR 键，显示出位置偏差值（以脉冲数表示），用手在联轴器上施加扭矩，使转矩达到额定转矩（MON1 输出到 3 伏），记录该时刻的位置偏差值 $\Delta ps1$。

④ 断开伺服 ON 和伺服驱动器电源，将伺服电动机输出轴转动约 120°，再接通伺服驱动器电源和伺服 ON，对转子轴施加额定转矩，记录其位置偏差值 $\Delta ps2$。

⑤ 再断开伺服 ON 及伺服驱动器电源，转子轴再转动约 120°，重复上述步骤，记录其位置偏差 $\Delta ps3$。

⑥ 计算静态刚度：静态刚度＝额定转矩(N.m)/最大位置偏差值(弧度)，将相关数据填入表 2-5-10 中。

表 2-5-10　伺服电动机的静态刚度

项　目	位置 1	位置 2	位置 3
位置偏差(脉冲数)			
静态刚度			

四、技能考核

技能考核评价标准与评分细则见表 2-5-11。

表 2-5-11　交流伺服系统的调整与检修实训评价标准与评分细则

评价内容	配分	考核点	评分细则	得分
实训准备	10	清点实训器材、工具，并摆放整齐	每少一项实训器材扣 3 分，工具摆放不整齐扣 5 分	
操作规范	10	（1）行为文明，有良好的职业操守。 （2）实训完后清理、清扫工作现场	（1）迟到、做其他事酌情扣 10 分以内。 （2）未清理、清扫工作现场扣 5 分	

（续表）

评价内容	配分	考核点	评分细则	得分
实训内容	80	（1）参数设置。 （2）伺服驱动器的调节。 （3）伺服电动机的特性测定。 （4）伺服驱动器故障的设置与处理	（1）参数设置，每错一处扣10分。 （2）驱动器的调节，每错一处扣10分。 （3）特性测定（选一项），未完成扣20分。 （4）故障设置与处理，每错一处扣10分	
工时		120分钟		

思 考 题

（1）简述永磁式同步交流伺服电动机的工作原理。

（2）分析交流伺服驱动器故障设置中出现问题的原因。

任务 2-6 全闭环数控系统的实现

【学习目标】
(1)熟悉全闭环伺服系统的工作原理和基本连接。
(2)掌握全闭环伺服系统的实现方法和步骤。

相关知识

一、全闭环伺服系统的工作原理

全闭环位置伺服系统典型构成方式如图 2-6-1 所示。它将位置检测器件直接安装在机床工作台上,通过检测工作台运动部件的实际位置,从而可以获取其精确信息反馈给数控系统,消除整个传动环节的误差和间隙,因而具有很高的位置控制精度。

但是,在实际的数控机床系统中很少采用全闭环结构方案。这主要是当采用全闭环时,机床本身的机械传动链也被包含在位置闭环中,伺服的电气自动控制部分和执行机械不再相对独立。传动的间隙、摩擦特性的非线性、传动链的刚性等,都将会影响控制系统的稳定,使系统容易产生机电共振和低速爬行。同时,工作台上的负载变化也会对系统的摩擦特性、机械惯量等产生影响,给系统的整定造成困难。此外,由于机床的一部分被包含在位置闭环内,位置控制调节器的设计就不得不考虑这部分机械的传输特性。机床不同,被包含在位置闭环中的那部分机械的结构、特性往往也有差异,这就给全闭环位置伺服系统的通用性设计带来了困难,也不利于降低成本。

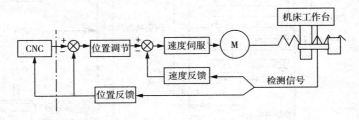

图 2-6-1 全闭环位置伺服系统

二、全闭环伺服系统的基本连接

在连接全闭环伺服系统时,要分清其驱动控制信号是脉冲式还是模拟式,图 2-6-2 和图 2-6-3 所示分别说明了两种信号形式的伺服驱动器连接电路原理。

技能实训

一、实训器材

(1)华中世纪星数控系统综合实训台(含光栅尺)。
(2)伺服驱动器。
(3)交流伺服电动机。

数控机床维修技能实训

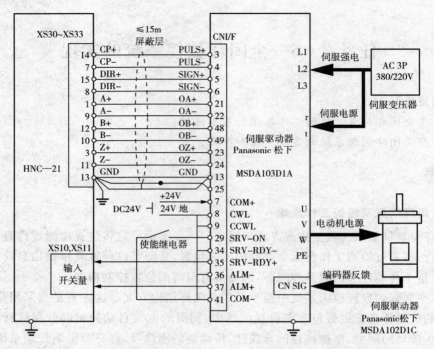

图 2-6-2　伺服驱动器与数控系统、伺服电动机、伺服电源的连接电缆图（脉冲信号形式）

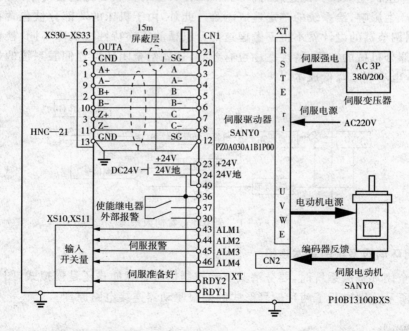

图 2-6-3　伺服驱动器与数控系统、伺服电动机、伺服电源的连接电缆图（模拟信号形式）

(4)X、Z 工作台。

(5)负载试验台。

二、实训内容

(1)参数设置。

（2）运行测试程序。

（3）系统连接。

（4）回零的实现

（5）试运行。

三、实训步骤

1. 参数设置

（1）设置驱动参数。利用模式键 MODE,选择系统参数 ru08,更改控制类型为速度控制"01H"。注意:伺服驱动器的参数更改完成后,不要打开急停按钮,以免造成飞车现象。

（2）设置数控系统参数。按表 2-6-1、表 2-6-2 设置数控系统参数。

表 2-6-1 Z 轴参数

参 数 名 称	数 值	说 明
伺服驱动型号	41	此处只能为 41
电动机每转脉冲数	2000	电动机转动一圈对应的输出脉冲当量数
伺服内部参数 0	32000	速度给定最大 D/A 值
伺服内部参数 1	100	零速对应速度给定 D/A 值
伺服内部参数 2	400	电动机允许最高转速
伺服内部参数 3	8	位置环延时时间常数(ms)
伺服内部参数 4	20	位置环零漂补偿时间(ms)
伺服内部参数 5	0	不使用

注:所设值均为推荐值。

表 2-6-2 硬件配置参数(部件 2)

型 号	5301
标 识	41 或 42(修调极性)
地 址	0
配置 1	50
配置 2	0

2. 运行测试程序

（1）取消系统位置环。用 Alt＋X 退回到 DOS 命令提示符,在系统文件的根目录下用"EDIT"编辑系统配置文件 ncbios. cfb,用";"或"REM"屏蔽掉位置环驱动程序"sv_wzh. drv"。

（2）运行底层软件。进入 TESTWZH 后,运行 ncbios。注意:TESTWZH 相当于代替原来的 TCNC99. EXE/LATHE60. EXE/HCNC99. EXE。

（3）清除模拟指令。运行下列文件:testwzh 2 0 2000,其中"testwzh"是一个可执行文件;"2"表示为 2 号轴;"0"表示为 D/A 数字量;"2000"表示伺服电动机的每转脉冲数。

（4）测试获得参数。运行下列文件 testwzh 2 100 2000,看丝杆的旋转方向,从而获得硬件配置参数中部件 2 的给定量。

（5）测试完毕后需恢复原来系统中的 ncbios. com。

3. 系统控制

（1）解决零漂。如果系统上电后,在没有发出任何指令的情况下,Z 轴有很缓慢的移动,

则原因可能是模拟量的初始电压不为零。这时,可以修调世纪星数控系统电路板上 Z 轴对应的电位器来调节模拟量的初始电压,解决零漂现象。

(2)修调电子齿轮比。计算或用表打可得(推荐值 5 比 1,仅供参考)。

(3)在 MDI 方式下,控制 Z 轴移动一小段距离(如 1mm),观察坐标轴的指令值与反馈值是否相同。

(4)编制一段程序,在全闭环状态下自动运行,观察机床的动作及运行状态。

4. 回零的实现

(1)由于光栅尺的零点在光栅尺的中间位置,减速开关安装在 Z 轴正方向的末端,所以 Z 轴在回零时,如果工作台处在 Z 轴正半轴的位置,会找不到零点或超程。

(2)可以利用实训台上的乒乓开关,在系统回零时人为给系统提供一个减速信号及定位信号,让系统能够正确回零。

(3)设置好乒乓开关以后,以不同方式回零,观察机床的动作及运行状态。

5. 试运行

编制一段程序,使其在全闭环状态下自动运行,观察机床的动作及运行状态。

四、技能考核

技能考核评价标准与评分细则见表 2-6-3。

表 2-6-3 全闭环数控系统的实现实训评价标准与评分细则

评价内容	配分	考核点	评分细则	得分
实训准备	10	清点实训器材、工具,并摆放整齐	每少一项实训器材扣 3 分,工具摆放不整齐扣 5 分	
操作规范	10	(1)行为文明,有良好的职业操守。 (2)实训完后清理、清扫工作现场	(1)迟到、做其他事酌情扣 10 分以内。 (2)未清理、清扫工作现场扣 5 分	
实训内容	80	(1)参数设置。 (2)运行测试程序。 (3)系统控制。 (4)回零的实现. (5)试运行	(1)参数设置,每错一处扣 10 分。 (2)运行测试程序,每错一处扣 10 分。 (3)系统控制操作,每错一处扣 20 分。 (4)回零操作,每错一处扣 10 分。 (5)试运行不熟练扣 10~20 分	
工时		120 分钟		

* *

思 考 题

(1)画出全闭环控制框图。

(2)简述全闭环数控系统的基本连接方法。

* *

任务 2-7 换刀控制系统的调试与检修(车床)

【学习目标】

(1)熟悉数控机床换刀机构的组成及机械传动原理。

(2)掌握数控机床换刀机构的电气控制原理及基本连接。

(3)掌握换刀控制系统常见故障的诊断方法。

相关知识

一、电动回转刀架的基本结构与工作原理

数控车床上的回转刀架是一种简单的自动换刀装置,主要用来装夹多把不同的车刀,由数控系统自动控制车床换刀来完成同一零件多工序的加工。

数控车床的电动回转刀架有立式和卧式两种,其中立式数控回转刀架的基本结构如图 2-7-1所示。刀架电动机的起停、转向受控于 PLC,其动作过程如下:

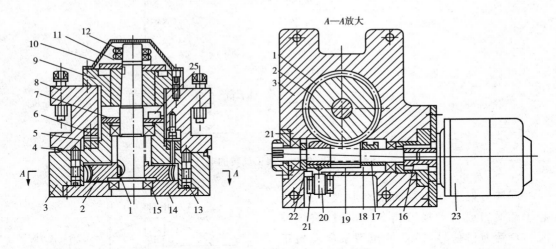

图 2-7-1 立式四方电动刀架结构

1、17—轴 2—涡轮 3—刀座 4—密封圈 5、6—齿盘 7、24—压盖 8—刀架

9、21—套筒 10—轴套 11—垫圈 12—螺母 13—销 14—底盘 15—轴承

16—联轴器 18—套 19—蜗杆 20、25—开关 22—弹簧 23—电动机

(1)松开。刀架电动机与刀架内一蜗杆相连,刀架电动机转动时与蜗杆配套的蜗轮转动。此蜗轮与一条丝杠为一体(称为"蜗轮丝杠"),当丝杠转动时会上升(与丝杠旋合的螺母与刀架是一体的,当松开时刀架不动作,所以丝杠会上升),丝杠上升后使位于丝杠上端的压板上升,即松开刀架。

(2)转位。刀架松开后,丝杠继续转动,刀架在摩擦力的作用下与丝杠一起转动即换刀。

(3)定位。在刀架的每一个刀位上有一个用永磁铁做的感应器,当转到系统所需的刀位

时,磁感应器发出信号,刀架电动机开始反转。

(4)锁紧。当丝杠反转时刀架不能动作,丝杠就带着压板向下运动将刀架锁紧,换刀完成。注意:电动机的反转时间是系统参数设定的,设置时间不能太长也不能太短。反转锁紧时间过长损坏电动机;反转锁紧时间过短刀架可能锁不紧。

二、刀架的电气控制

电动刀架的电气控制分强电和弱电两部分。强电部分由三相电源驱动三相交流异步电动机正、反向旋转,从而实现电动刀架的松开、转位和锁紧等动作,如图 2-7-2 所示。弱电部分主要由位置传感器(发信盘)构成,发信盘采用霍尔传感器发信,如图 2-7-3 所示。该实训台的数控电动刀架电动机采用的三机异步电动机,功率为 90W,转速为 1300r/min。

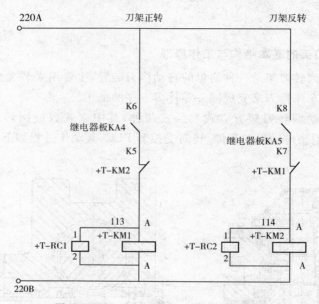

图 2-7-2 电动刀架正反转的电气控制

回转刀架电气控制的基本原理是:系统在手动换刀或自动换刀指令发出时,将该信号转变为刀位信号,PLC 输出刀架电动机正转信号,使继电器 KA4 线圈得电,通电的继电器触头闭合,KM1 得电(见图 2-7-2),其主触头闭合,刀架电动机实现正转(见图 2-2-16);PLC 检测到指令刀具所对应的刀位信号时,PLC 输出的正转信号撤消,刀架停止正转;PLC 输出刀架电动机反转信号,继电器 KA5 线圈得电并闭合,同时交流接触器 KM2 线圈得电闭合,实现刀架反转,延时一定时间后(该时间由系统参数设定,并根据现

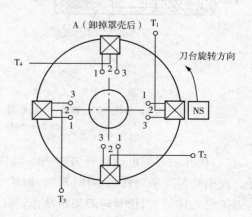

图 2-7-3 霍尔元件控制示意图

场情况作调整),PLC 输出反转信号撤消,KM2 交流接触器主触头断开,刀架电机反转停止,

选刀完成。注意,刀架转位选刀只能一个方向转动,取刀架电机正转。刀架电机反转只为刀架定位。另外,为防止短路,在直流控制回路和交流控制回路中均分别串联了继电器、接触器常闭触头来进行正、反转的联锁控制。回转刀架的电气控制和连接详见任务 2-2 和实训台附带的电气原理图册。

三、刀架与换刀装置常见故障的诊断与维修

表 2-7-1 为刀架与换刀装置常见故障的诊断与维修。

表 2-7-1　刀架与换刀装置常见故障的诊断与维修

序号	故障现象	故障原因	故障处理
1	电动刀架在某一刀位转不停,其余刀位可转动	此位刀的霍尔元件损坏	转动该位刀,用万用表检测该位刀的刀位信号触点是否有电压变化,若无变化,则为该位刀霍尔元件损坏,更换发信盘或霍尔元件
		此位刀信号线断路	检查该刀位信号与系统的连线是否存在断路
		刀位信号接收电路故障	当确定该刀位霍尔元件及信号连线没问题时,更换主板
2	电动刀架的每个刀位都转动不停	系统无+24V、COM 输出	用万用表检测系统出线端,若无电压,需更换主板或送厂维修
		系统与刀架发信盘连线断路;或是+24V 对 COM 地短路	用万用表检查系统的接线是否存在断路;检查+24V 是否对 COM 地短路
		发信盘的发信电路板上+24V 和 COM 地回路有断路	发信盘长期处于潮湿环境造成线路氧化断路,用焊锡或导线重新连接
		刀位上+24V 电压偏低,电路中的上拉电阻开路	用万用表检查上拉电阻,若是开路,则更换 1/4W 2kΩ 上拉电阻
		系统的反转控制信号 TL- 无输出	用万用表检测系统出线端,若该电压不存在,需更换主板或送厂维修
		系统与刀架电动机之间的回路存在问题	检查各连线是否存在断路、各触点是否接触不良、继电器和交流接触器是否损坏
		刀位电平信号参数未设置好	检查、修改系统刀位高低电平检测参数
		霍尔元件损坏	在对应刀位无断路的情况下,若所对应的刀位线有低电平输出,则霍尔元件无损坏,否则需更换刀架发信盘或其上的霍尔元件。
		磁块无磁性或磁性不强;磁块位置移动	更换磁块或增强磁性;调整磁块的位置,使磁块对正霍尔元件

（续表）

序号	故障现象	故障原因	故障处理
3	电动刀架不转	刀架电动机三相反相或缺相	调换电动机的两相电源；检查外部供电
		系统的正转控制信号 TL＋无输出	用万用表检测系统出线端的＋24V 和 TL＋两触点，若无电压，需送厂维修或更换相关 IC 元器件
		系统的控制信号回路存在断路或元器件损坏	检查正转控制信号电路是否断路、触点接触是否良好、继电器或交流接触器是否损坏
		刀架电动机无电源供给	检查电源供给电路是否存在断路、触点是否接触良好、电气元器件是否有损坏、熔断器是否熔断
		上拉电阻未接入	将刀位输入信号接上 2kΩ 上拉电阻
		机械卡死	手摇刀架判断是否卡死，若是，拆开刀架，调整机械，加入润滑油
		反锁时间过长造成机械卡死	在机械上放松刀架，然后通过系统参数调节刀架反锁时间
		刀架电动机损坏	检测电动机，更换刀架电动机
		刀架电动机进水造成电动机短路	烘干电动机，加装防护，做好绝缘
4	电动刀架锁不紧	发信盘位置没对正	拆开刀架顶盖，旋动并调整发信盘位置
		系统反锁时间不够长	调整系统刀架反锁时间参数
		机械锁紧机构故障	拆开刀架，调整机械，检查定位销
5	加工过程中电动刀架有时转不动	刀架的控制信号受干扰	检查系统的接地，特别注意变频器的接地，接入抗干扰电容
		刀架内部机械故障造成偶尔卡死	维修刀架，调整机械结构

技能实训

一、实训器材

（1）华中世纪星数控系统综合实训台。

（2）专用电缆连接线。

（3）万用表。

（4）专用工具。

二、实训内容

（1）刀架参数的修改与调试。

（2）换刀机构简单故障的模拟与诊断。

三、实训步骤

1. 刀架参数的修改与调试

四工位刀架的自动换刀，是靠 PLC 的控制完成的，为保证换刀的正常进行，在系统 PMC 参数中，设置了如下参数：

（1）P2——换刀超时时间常数（系统设定为 10s）。如果换刀过程在规定的时间内不能正常完成，系统就会报警提示。

（2）P3——刀具锁紧时间常数（系统设定为 1s）。选择刀具后，要对所选择的刀具进行锁紧。

（3）P4——正转延时时间常数（系统设定为 0.1s）。保证能让刀架正确选择刀具。

可以根据上述参数定义，对这些参数进行人为修改，来认识这些参数的功能。

（1）首先确认刀架电动机运转正常，换刀、锁紧等动作准确无误。

（2）进入系统参数编辑状态，选择 PMC 系统参数，更改换刀锁紧时间、换刀超时时间、正转延时时间参数，观察和判断刀架换刀动作是否正常，并用手扳动刀架，判断刀架是否锁紧，选择的刀具是否到位等，填写表 2-7-2。

（3）测试完毕后将参数恢复到原来正常工作时的状态。

表 2-7-2 与刀架有关的 PMC 参数的设置

序　号	故障设置	故障现象	故障分析
1	将换刀超时时间更改为 3s		
2	将换刀时间更改为 10s，将刀具锁紧时间更改为 0.1s，判断刀架是否锁紧，选择的刀具是否到位		
3	将换刀时间更改为 10s，将刀具锁紧时间更改为 1s，将正转延时时间更改为 2s 或 0s，观察换刀时的现象，判断刀架是否锁紧，选择的刀具是否到位		

2. 换刀机构简单故障的模拟与诊断

进行换刀机构简单故障的模拟、调试、分析和处理，填写表 2-7-3。

表 2-7-3 刀架简单故障实验

序　号	故障设置	故障现象	故障分析
1	将刀架的 24V 电源断开		
2	将控制刀架反转的接触器相序互换		
3	将控制刀架接触器的 KA4 换到 KA6 上		
4	将电源相序互换		

四、技能考核

技能考核评价标准与评分细则见表2-7-4。

表2-7-4 换刀机构的调试与检修(车床)实训评价标准与评分细则

评价内容	配分	考核点	评分细则	得分
实训准备	10	清点实训器材、工具,并摆放整齐	每少一项实训器材扣3分,工具摆放不整齐扣5分	
操作规范	10	(1)行为文明,有良好的职业操守。 (2)实训完后清理、清扫工作现场	(1)迟到、做其他事酌情扣10分以内。 (2)未清理、清扫工作现场扣5分	
实训内容	80	(1)刀架参数的修改与调试 (2)简单故障的模拟与诊断	(1)修改、调试参数,每错一处扣20分。 (2)故障原因不会分析,每处扣10分	
工时			120分钟	

※ ※

思 考 题

(1)简述换刀的动作过程。

(2)画出控制刀架的主电路和控制电路的电气原理图。

(3)若换刀操作时刀架不停转动,最后出现换刀超时报警,则故障原因主要有哪些?

※ ※

任务 2-8　主轴变频调速系统的调试与检修

【学习目标】
(1)熟悉主轴变频调速系统的结构及基本连接。
(2)了解变频器的控制及应用基础。
(3)熟悉主轴变频调速系统的故障检修方法。

相关知识

一、数控机床的主轴驱动变速

主轴驱动系统是在数控机床主轴控制系统中完成主运动的动力装置,它带动工件或刀具作相应的旋转运动,从而配合进给运动,加工出理想的零件。

(1)主轴驱动变速方式。主轴驱动变速主要有三种方式:

① 具有变速齿轮的主轴驱动。通过几对齿轮降速,增大传动比,以获得强力切削时所需要的扭矩。

② 主轴变频电动机通过同步齿形带驱动主轴。该类主轴电动机又称宽域电动机或强切削电动机,具有恒功率宽的特点。

③ 电主轴。机床主轴与主轴电机融为一体,取消了传统的带轮传动和齿轮传动,机床主轴由内装式电动机直接驱动。

(2)对主传动系统的要求。数控机床对主传动系统主要有以下几方面的要求:

① 调速范围宽。为保证加工时选用合适的切削用量,以获得最佳的生产率、加工精度和表面质量,要求主轴能在较宽的转速范围内根据数控系统的指令自动实现无级调速,并减少中间传动环节。

② 恒功率输出范围要宽。要求主轴在调速范围内能提供所需的切削功率,并尽可能在调速范围内提供主轴电动机的最大功率。

③ 具有四象限驱动能力。要求主轴在正、反向转动时可进行自动加、减速控制,并且加、减速时间要短。

④ 具有位置控制能力。要求具有进给功能(C 轴功能)和定向功能(准停功能),以满足加工中心自动换刀、刚性攻螺纹、切削螺纹以及车削中心的某些加工工艺的需要。

二、SJ100 型变频器简介

1. SJ100 型变频器面板按键的定义

SJ100-007HFE 型变频器的外形及面板按键的定义如图 2-8-1 所示。

(1)运行按键 RUN:给变频器提供一个运行的指令。按此键可以启动电动机,前提是变频器处在键盘控制方式下。

(2)停止/复位按键 STOP:给变频器提供一个停止运行的指令。按此键可以停止电动机运转,前提是变频器处在键盘控制方式下。

（3）功能键 FUNC：修改变频器参数时，可以选择参数模式以及在设置参数时使用。

（4）向上按键▲：修改参数时增大参数值。

（5）向下按键▼：修改参数时减小参数值。

（6）储存键 STR：可以对变频器修改的参数进行保存。

（7）电位器：操作者可以通过变频器所带的电位器来改变变频器的输入模拟电压指令。

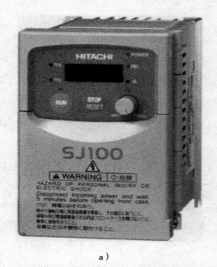
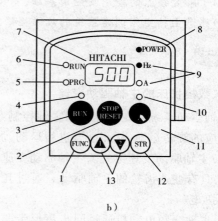

a)   b)

图 2-8-1　日立 SJ100 型变频器面板的按键及其定义

a)外形　b)面板按钮

1—功能键　2—停止/复位按键　3—运行按钮　4—运行允许指示灯　5—编程/监视指示灯

6—运行/停止指示灯　7—参数显示　8—电源指示灯　9—显示单位 Hz/A 指示灯

10—电位器允许指示灯　11—电位器　12—储存键　13—向上/向下按键

2. SJ100 型变频器的连接

SJ100-007HFE 型变频器采用正弦波脉宽调制（PWM）控制，额定容量为 1.9kV·A，额定输入电压为三相交流 380V，额定输出电流为 2.5A，输出频率范围为 1~360Hz，适用电动机容量为 0.75kW。图 2-8-2 为主轴变频器与电动机及控制器的连接图。图 2-8-3 为带速度反馈的主轴变频器与电动机及控制器的连接图。

3. SJ100 型变频器的功能参数

（1）变频器常见功能参数。

日立 SJ100 型变频器的功能参数主要分为以下几组。

① 标准功能参数的设定（A 组）：这些参数的设定直接影响到变频器输出的最基本的特性，如变频器控制方式的选择、输出最大频率的限定、控制特性的选择等。

② 微调功能参数（B 组）：可以用于调节变频器控制系统与电动机匹配上的一些细微的功能，如重启的方式、报警功能的设置等。

③ 智能端子功能（C 组）：对变频器所提供的智能端子功能进行定义，如主轴正反转、多段速度选择等功能端子的定义等。

④ 监视功能参数（D 组）：无论变频器处在运行或是停止状态，都可以使用本组参数来

获取系统的重要参数,如电动机电流、输出频率、旋转方向等。

⑤ 主要常用参数(F组):用来设定变频器的常用参数,如加减速时间常数和电动机的输出频率等。

⑥ 电动机相关参数的设置及无传感器矢量功能参数的设置(H组):可以设置电动机的一些特征参数及采用无传感器矢量功能所需要的一些参数。

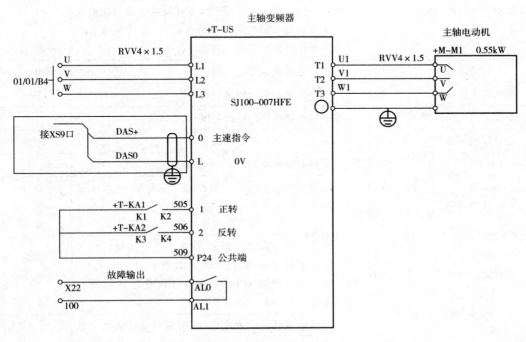

图 2-8-2 主轴变频器与电动机及控制器的连接图

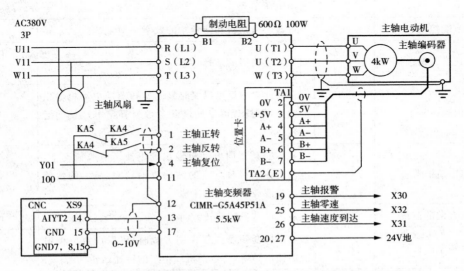

图 2-8-3 带速度反馈的主轴变频器与电动机及控制器的连接图

SJ100 变频器常见功能参数见表 2-8-1。

表 2-8-1　SJ100 变频器常见功能参数

参数名	代码	参数说明	数值
频率来源的设定	A01	指定变频器的频率来源	01、02、03
运行指令来源的设定	A02	变频器输出频率时的指令来源,通过此参数,可以选择变频器启动和停止的指令来源。一般有两种情况:一种是外部的指令来源,即可以通过多功能输入端子控制变频器的启动和停止;另一种是通过变频器的操作面板来控制变频器的启动和停止	01、02
基频的设定	A03	设置电动机的运行基频	50、60
最大频率的设定	A04	允许变频器输出的最大频率	50
转矩提升模式的选择	A41	选择变频器的转矩提升模式	00
矢量控制的选择	A44	选择变频器的控制方式	0
输出频率上下限的设置	A61/A62	变频器输出频率的上、下限幅值	0.0/0.0
跳频的设置	A63 A65 A67	变频器在运转时有时会出现共振现象,可以通过参数设置直接跳过引起共振的频率段,变频器在启动或运转时就可以直接跳过所设置的频率	0.0 0.0 0.0
跳频宽度的设置	A64 A66 A68	设置跳频时的频带宽度,此参数值可以设定跳频时的上下频率范围,与跳频设置有相对应的关系。比如将 A63 设置为 20Hz,将 A64 设置为 5Hz,则变频器在 15~25Hz 时跳跃	0.5 0.5 0.5
电动机电压等级的选择	A82	选择电动机的额定电压,要根据电动机的额定电压进行设置。另外,此项参数的选择还具有稳压的功能,可以在变频器电源电压出现较大波动时,保持输出电压不变	200~460
节能控制	无	可改善电动机和变频器的效率	
加减速模式的选择	A97 A98	加减速曲线的选择	00 01
输出频率显示	D01	选择此参数后可以实时显示变频器向电动机输出的频率,空载时可以通过此参数换算出电动机的运行转速	0~360
输出电流的监视	D02	显示变频器向电动机输出的电流。一般情况下,电动机在运行时电流的波动范围较大,显示的数值是经过滤波以后的电流值	A
旋转方向的监视	D03	显示电动机的旋转方向	Fr
输出频率的设定	F01	当采用变频器内部控制方式时,可以设定一个恒定的输出频率,让电动机以恒定的转速运转	0~360
斜坡上升/下降时间 (加减速时间)	F02 F03	加速时间就是输出频率从 0 上升到最大频率所需时间,减速时间是指从最大频率下降到 0 所需时间	0.5 600

参数名	代码	参数说明	数值
电动机转向的设定	F04	改变电动机的旋转方向	00　01
电动机容量的选择	H03	选择所驱动电动机的容量,根据电动机的实际功率选择。一般在选择与电动机相匹配的变频器时,变频器的功率要大于电动机的功率一个等级,但在设置此参数时要和电动机的功率保持一致	kW
电动机的磁极对数	H04	设置电动机的磁极对数	2,4,6
电子热过载保护	B12	对电动机进行过热保护	50%～120%
偏置频率		当频率由外部模拟信号(电压或电流)设定时,可用此功能调整频率设定信号最低时的输出频率	
数字操作器显示的内容	B89	选择数字操作器的显示内容。例如,输出频率、电动机电流、电动机转向、输入输出端子的状态等	01～07
载波频率的设定	B83	设定变频器的载波频率	0.5～16

（2）变频器的工作频率。

① 给定频率。给定频率是与给定信号对应的频率,给定信号不变,给定频率也不变。

② 输出频率。输出频率是变频器实际输出的频率。

4.SJ100 型变频器常见报警及故障诊断

SJ100 型变频器常见报警及故障诊断见表 2 - 8 - 2。

表 2 - 8 - 2　SJ100 型变频器常见报警及故障诊断

报警号	故障现象	故障原因
E01 E02 E03 E04	过电流	电动机的功能与变频器的功率不匹配,电动机功率大于变频器功率。 电动机的导线短路。 电动机轴被锁定或负载太重
E07	过电压	在直流母线电压超过阀值时发生。 减速过程太快,再生制动引起过电压。 负载惯量太大,制动时引起过电压
E09	欠电压	供电电源电压太低。 供电电源有短路时失电或瞬时电压跌落
E10	CT 故障	当某一强电源干扰与变频器距离过近或在内部 CT(电流互感器)发生异常操作时,变频器跳闸并关闭输出
E12	外部跳闸	与 E10 类似,当有一个信号加在智能输入端子上时,变频器跳闸并关闭输出
E14	接地故障	在加电测试时若检测到变频器输出与电动机之间发生接地故障,则变频器被保护。该故障现象可保护变频器,但不能保证人身安全
E21	变频器过热	冷却风机运行不正常。 变频器过载。 环境温度过高

技能实训

一、实训器材

(1)华中世纪星数控系统综合实训台。

(2)万用表。

(3)电工常用工具。

二、实训内容

(1)变频器的初始化。

(2)变频器的参数设置。

(3)变频器的频率调节。

(4)利用变频器智能端子控制电动机。

(5)变频器的故障设置与诊断。

三、实训步骤

1. 变频器的初始化

(1)将参数 B04、B84、B85 均设为"1",然后按"STR"键保存。

① B04 设为"01"时:表示初始化有效。

② B84 为初始化模式时:"00"为清除跳闸记录;"01"为参初始化。

③ B85 为初始化模式时:"00"为日本版;"01"为欧洲版;"02"为美国版。

(2)按住"FUNC"、"▲"与"▼"键不放。

(3)按住上述各键不放,并按住 STOP/RESET 达 3s,然后只松开 STOP/RESET,直至显示 D01 并闪烁为止。

(4)接着松开"FUNC"、"▲"与"▼"键,001 显示功能开始闪烁,闪烁结束后,初始化动作完成。

注意:一般来说,变频器的参数在出厂时都设置好了,不需要改动。

2. 变频器的参数设置

变频器参数在初始化完成后,需将变频器的参数重新设置,使变频器中的参数与所带负载电动机的各项参数相匹配。不同变频器可能设置参数的代码不一样,但参数功能大致相同,下面列举了本实训台所用电动机的参数,将其输入到变频器 ROM 中。

(1)电动机额定电压 A82＝380V。

(2)电动机额定功率 H03＝0.55kW。

(3)电动机的磁极数 H04＝4 极。

(4)电动机额定频率 A03＝50Hz。

(5)电动机测试频率 A20＝10Hz。

(6)电动机最小频率 A15＝01(0Hz)。

(7)电动机最大频率 A04＝60Hz。

(8)斜坡上升时间 F02＝10s。

(9)斜坡下降时间 F03＝10s。

注意:完成上述步骤后,不要有妨碍主轴旋转的因素存在,按操作面板上的绿色"RUN",使变频器自动执行必要的电动机其他参数的计算。结束后,变频器显"0",按下

"STOP\RESET",重新启动变频器。

3. 变频器的频率调节

变频器是通过调节频率来调节电动机转速的,SJ100 型变频器有三种频率调节方式。

(1)手操键盘给定。通过变频器的操作键盘及变频器本身提供的控制参数来对变频器进行控制。

① 将参数 A01 设为"02"、参数 A02 设为"02"。

② 通过"▲"或"▼"键改变参数 F01(频率给定)的值来增加或减小给定频率。

③ 此时,变频器已经进入待命状态,按"RUN"键,电动机运转。

④ 按"STOP\RESET"键,停止电动机。

⑤ 设置参数 F04 的值为"00"(正转)或"01"(反转)改变电动机的旋转方向。

⑥ 按"RUN"键,电动机运转,但方向已经改变。

(2)调节电位器给定。SJ100 型变频器上配有调速电位器,可通过其旋钮来进行调速。

① 将参数 A01 设为"00"、A02 设为"02"。

② 通过调节电位器来控制电动机的运行转速,将电位器旋过一定的角度。

③ 按"RUN"键,电动机运转。

④ 按"STOP\RESET"键,停止电动机。

⑤ 图 2-8-4 为用开关作为正转\停止和反转\停止控制的简单试运行连接图。按图进行连接,确认无误后,接通各部分电源。

⑥ 将电位器旋到某一位置,接通正转开关量,则主轴开始正转;断开正转开关量,接通反转开关量,主轴开始反转。

(3)数控系统给定。图 2-8-5 所示为 SJ100 变频器与世纪星数控系统的连接图,参照手操键盘给定方式的步骤进行操作。

① 按照图 2-8-5 进行连接,确认无误后,接通各部分电源。

② 将参数 A01 设为"01",参数 A02 设为"01"。

③ 通过主轴控制指令,控制变频器运行。例如,在 MDI 下执行 M03 S500,电动机就会以 500r/min 正转。

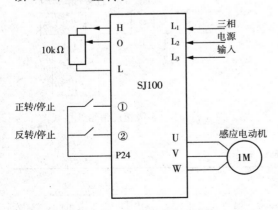

图 2-8-4 变频器简单试运行连接图

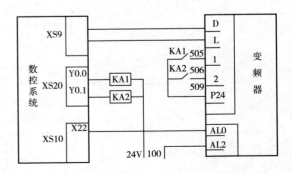

图 2-8-5 变频器与世纪星数控系统连接图

4. 利用变频器智能端子控制电动机

如图 2-8-6 为 SJ100 型变频器控制端子图,其中智能控制端子 1~6 的功能可通过 C

组参数 C01～C06 分别定义。

(1)利用变频器智能端子 1 和 2 来控制主轴正反转。

① 将参数 C01 和 C02 的数值分别修改成"00"和"01"。

② 将控制主轴正反转的信号线 505、506 接到端子 1 和 2 上,如图 2-8-7 所示。

③ 接通 505 时,主轴正转;接通 506 时,主轴反转。

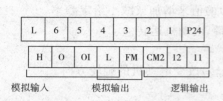

图 2-8-6　SJ100 型变频器控制端子图

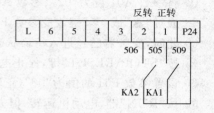

图 2-8-7　正反转信号线接线图(一)

(2)利用变频器智能端子 5 和 6 来控制主轴正反转。

① 将参数 C05 和 C06 的数值分别修改成"00"和"01"。

② 将控制主轴正反转的信号线 505、506 接到端子 5 和 6 上,如图 2-8-8 所示。

③ 接通 505 时,主轴正转;接通 506 时,主轴反转。

(3)利用变频器智能端子控制电动机的速度。SJ100 型变频器可以利用 4 个智能端子进行 16 个目标频率的选择,这 16 个目标频率由参数 A20～A35 设定,分别对应速度 1～速度 16,选择哪个速度是由控制速度的智能端子状态确定的。

① 将智能端子 C01～C04 的数值分别设为"02"、"03"、"04"、"05"。

② 利用参数 A20～A35,设定 16 种不同的目标频率。

③ 利用实训台所提供的乒乓开关进行接线,图 2-8-9 所示。

④ 利用"乒乓"开关给变频器的智能端子提供不同的状态,见表 2-8-3。观察变频器的输出频率和智能端子给定的频率是否一致。

图 2-8-8　正反转信号线接线图(二)

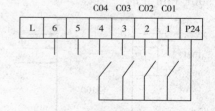

图 2-8-9　多级速度信号线接线图

表 2-8-3　速度/状态表

多级速度	开关状态			
	CF4	CF3	CF2	CF1
0 级	0	0	0	0
1 级	0	0	0	1

多级速度	开关状态			
	CF4	CF3	CF2	CF1
2 级	0	0	1	0
3 级	0	0	1	1
4 级	0	1	0	0
5 级	0	1	0	1
6 级	0	1	1	0
7 级	0	1	1	1
8 级	1	0	0	0
9 级	1	0	0	1
10 级	1	0	1	0
11 级	1	0	1	1
12 级	1	1	0	0
13 级	1	1	0	1
14 级	1	1	1	0
15 级	1	1	1	1

注：表中的开关状态，"1"表示开关接通；"0"表示开关断开。

5. 变频器的故障设置与诊断

变频器与三相异步电动机常见故障的设置与诊断见表 2-8-4。

表 2-8-4　变频器与三相异步电动机常见故障的设置与诊断

序号	故障设置方法	故障现象	结论
1	将变频器的三相电源断掉一相,运行变频器,观察现象		
2	将异步电机的三相电源中的两相进行互换,运行主轴		
3	将三相异步电动机的三相电源断掉一相,运行主轴		
4	将变频驱动器的模拟电压取消或极性互调,运行主轴		
5	将变频器参数 H04 磁极数设置为 6 或 2,运行主轴		
6	将主轴正反转信号取消,运行主轴,观察现象		

四、技能考核

技能考核评价标准与评分细则见表 2-8-5。

表 2-8-5   主轴变频调速系统的调试与检修实训评价标准与评分细则

评价内容	配分	考核点	评分细则	得分
实训准备	10	清点实训器材、工具，并摆放整齐	每少一项实训器材扣 3 分，工具摆放不整齐扣 5 分	
操作规范	10	（1）行为文明，有良好的职业操守。 （2）实训完后清理、清扫工作现场	（1）迟到、做其他事酌情扣 10 分以内。 （2）未清理、清扫工作现场扣 5 分	
实训内容	80	(1)变频器的初始化。 (2)变频器的参数设置。 (3)变频器的频率调节。 (4)用变频器智能端子控制电动机。 (5)变频器的故障设置与诊断	(1)初始化操作，每错一处扣 10 分。 (2)参数设置，每错一处扣 10 分。 （3）每少完成一项调节操作扣 10 分。 (4)每少完成一项操作扣 10 分。 （5）故障设置与处理，每错一处扣 10 分	
工时	120 分钟			

* *

思 考 题

(1)主轴驱动变速的方式有哪几种？

(2)若主轴电动机正反转方向不符合要求，则可以通过哪些方法来调试？

* *

任务 2-9 PLC 系统的调试与检修

【学习目标】

(1) 熟悉数控系统中 PLC 的控制原理。

(2) 掌握华中数控系统标准 PLC 的操作。

(3) 熟悉修改标准 PLC 的输入/输出点及 PLC 所提供的各项功能。

(4) 掌握利用 PLC 程序进行故障检测和分析。

相关知识

为了简化 PLC 源程序的编写,减轻工程人员的工作负担,华中数控股份有限公司开发了标准 PLC 系统。车床标准 PLC 系统主要包括 PLC 配置系统和标准 PLC 源程序两部分。其中,PLC 配置系统可供工程人员进行修改,它采用的是友好的对话框填写模式,运行于 DOS 平台下,与其他高级操作系统兼容,可以方便、快捷地对 PLC 选项进行配置,配置完以后生成的头文件加上标准 PLC 源程序,就可以编译成可执行的 PLC 执行文件了。

一、基本操作说明

(1) 在主操作界面下,按 F10 键进入扩展功能子菜单。

(2) 在扩展功能子菜单下,按 F1 键,系统将弹出 PLC 子菜单。

(3) 在 PLC 子菜单下,按 F2 键,系统将弹出输入口令对话框,在口令对话框输入初始口令 HIG,则弹出输入口令确认对话框,按 Enter 键确认,便进入如图 2-9-1 所示的标准 PLC 配置系统。

图 2-9-1 标准 PLC 配置系统

(4) 按 F2 键或将光标移到车床系统按 Enter 键,便进入车床标准 PLC 系统。

(5) Pgup、Pgdn 为五大功能项相邻界面间的切换键。同一功能界面中用 Tab 键切换输入点;用 ←、↑、→、↓ 键移动蓝色亮条选择要编辑的选项;按 Enter 键编辑当前选定的项;编辑过程中,按 Enter 键表示输入确认,按 Esc 键表示取消输入;无论输入点还是输出点,字母"H"表示为高电平有效,即为"1",字母"L"表示低电平有效,即为"0";在任何功能项界面下,都可按 Esc 键退出。

(6)在查看或设置完车床标准 PLC 系统后,按 Esc 键,系统将弹出确认系统提示界面。按 Enter 键确认后,系统将自动重新编译 PLC 程序,并返回系统主菜单,新编译的 PLC 程序生效。

二、配置参数说明

车床标准 PLC 配置系统涵盖大多数车床所具有的功能,具体有五大功能项:机床支持选项配置、主轴输出点定义(主要用于电磁离合器输入点配置)、刀架输入点定义、面板输入/输出点定义、外部 I/O 输入输出点定义。

1. 机床支持选项设置

机床支持选项配置主界面如图 2 - 9 - 2 所示,在本 PLC 配置界面中,字母"Y"表示支持该功能,字母"N"表示不支持该功能。

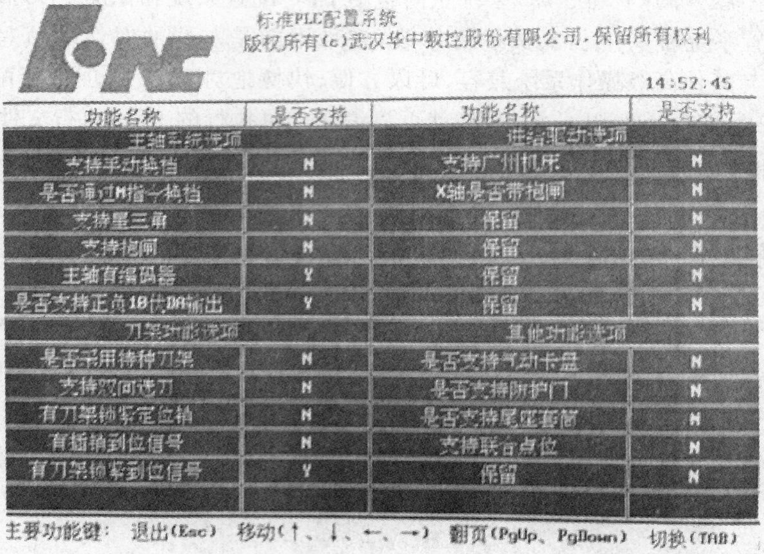

图 2 - 9 - 2　机床支持选项配置主界面

(1)主轴系统选项

① 支持手动换挡——通过手工换挡方式,既没有变频器,也不支持电磁离合器自动换挡,是一种纯手工换挡方式。

② 是否通过 M 指令换挡——系统带有变频器,又具有机械变速功能,但是机械换挡时没有机械换挡到位信号,所以可以通过 M42、M41 来给系统一个挡位信号。

③ 支持星三角——主轴电机在正转或反转时,先用绕组星型连接启动电动机正转或反转,过一段时间后切换成绕组三角形连接电动机正常运行。

④ 支持抱闸——系统是否支持主轴抱闸功能。如果没有此项功能,则要选"N",屏蔽此项功能。

⑤ 主轴有编码器——主轴是否具有转速检测功能,即主轴是否有编码器。

⑥ 是否支持正负 10V 模拟电压输出——华中数控系统可以提供 0～10V 或－10V～＋

10V 的模拟电压,根据所选的变频器或伺服驱动器所采用的控制电压的类型,来选择 PLC 的选项。

(2)进给系统选项

① 支持广州机床——如果是广州机床,选择"Y";不是广州机床,选择"N"。

② X 轴抱闸——系统是否有 X 轴抱闸功能。如果没有此项功能,则要选"N",屏蔽此项功能。

③ 保留——备用选项,如果有其他功能可以增加。

(3)刀架系统选项

① 是否采用特种刀架——如果采用特种刀架,选择"Y";没有采用特种刀架,选择"N"。

② 支持双向选刀——系统的刀架如果既可以正转又可以反转,在选刀时就可以根据当前使用刀号判断出选中目标刀号是要正转还是反转,以达到使刀架旋转的最小角度就能选中目标刀。

③ 刀架锁紧定位销——在当前要选用的目标刀号已经旋转到位,此时刀架停止转动,然后刀架打出一个锁紧定位锁住刀架。一般的刀架是锁紧定位销打出一段时间后反转刀架来锁紧刀架。

④ 插销到位信号——刀架锁紧定位销打出以后,刀架会反馈一个插销到位信号给系统,当系统接收到此信号才能反转刀架来锁紧刀架。刀架锁紧到位信号,指的是换刀后刀架会给系统回送一个刀架是否锁紧的信号。

⑤ 有刀架到位信号——车床刀架选刀时,有到位信号,则选择"Y";没有到位信号,则选择"N"。

(4)其他功能选项

① 是否支持气动卡盘——车床卡盘的松紧是自动的,还是通过外接输入信号来控制的。

② 防护门——车床的防护门是否通过外接输入信号来检测门的开和关,以确保安全加工。

③ 是否支持尾座套筒——是否支持尾座套筒,是则选择"Y",不是则选择"N"。

④ 支持联合点位。

⑤ 保留——系统暂时不用的选项,用户可以不对此项进行任何配置操作。

注意:在以上配置项中,进给系统选项中有些选项是互斥的,主轴系统选项中自动换挡、手动换挡、变频换挡三项中同时生效的只有一项。

(5)机床支持选项配置的操作步骤

① 用←、↑、→、↓移动蓝色亮条选择要编辑的选项。

② 按 Enter 键,蓝色亮条所指选项的颜色和背景都发生变化,同时有一光标在闪烁。

③ 用←、→、BackSpace、Del 键对其进行编辑修改。

④ 修改完毕,按 Enter 键确认。

⑤ 若输入正确,图形显示窗口相应位置将显示修改过的值,否则原值不变。一切功能设置好后,按 Pgdn 键进入下一界面。

2. 主轴挡位及输出点定义

主轴挡位及输出点定义配置界面如图 2-9-3 所示,主要是用在电磁离合器换挡和高低速自动换挡。高低速自动换挡是指通过高、低速线圈切换来换高挡或低挡。

主轴速度调节,自动换挡选项为"Y",本配置界面中定义的输出点才有效。在变频换挡或手动换挡选项为"Y"时,应关闭此菜单选项中的所有输出点。

图 2-9-3 为标准 PLC 中的主轴转速设定的一些参数(电机最大转速、设定转速下限/上限、实测电动机下限/上限),通过变频器与 PLC 中的相关参数来控制主轴转速。

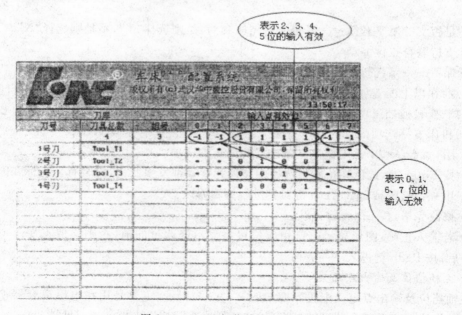

图 2-9-3　主轴挡位及输出点定义配置界面

3. 刀架信号输入点定义

(1)配置界面如图 2-9-4 所示,主要是对刀具的输入点进行定义,在位编辑行对应的编辑框中输入"-1"表示此输入点无效。在刀号输入点编辑框中,输入"1"表示对应的输入点在此刀位中有效,输入"0"表示对应的输入点在此刀位中无效。

图 2-9-4　刀架信号输入点定义

(2)当前系统刀架支持刀具总数为 4 把,输入的组为第 1 组(本配置系统只支持刀具的所有输入点在同一个组),输入的有效位为 4 位,分别是 X1.1、X1.2、X1.3、X1.4。1 号刀对应的输入点是 X1.1;2 号刀对应的输入点是 X1.2;3 号刀对应的输入点是 X1.3;4 号刀对应的输入点是 X1.4。

4. 输入/输出点定义

(1)输入/输出点的组成。输入/输出点的定义分为操作面板定义和外部 I/O 定义,其设置的界面如图 2－9－5 所示,该图主要由功能名称和功能定义组成。

操作面板定义	输入点			输出点			操作面板定义	输入点			输出点		
	组	位	有效	组	位	有效		组	位	有效	组	位	有效
自动	30	0	H	30	0	H	空运行	32	0	L	32	0	L
单段	30	1	H	30	1	H	倍率为1	32	1	H	32	1	H
手动	30	2	H	30	2	H	倍率为10	32	2	H	32	2	H
增量	30	3	H	30	3	H	倍率为100	32	3	H	32	3	H
回零	30	4	H	30	4	H	倍率为1000	32	4	H	32	4	H
冷却开停	30	5	H	30	5	H	超程解除	34	0	H	34	0	H
换刀允许	30	6	H	30	6	H	Z轴锁住	34	1	H	34	1	H
刀具松紧	30	7	H	30	7	H	机床锁住	34	2	H	34	2	H
主轴定向	32	5	H	32	5	H	主轴修调减	31	0	H	31	0	H
主轴冲动	32	6	H	32	6	H	主轴修调加	31	1	H	31	1	H
主轴制动	32	7	H	32	7	H	主轴修调100%	31	2	H	31	2	H
主轴正转	34	5	H	34	5	H	快速修调减	33	0	H	33	0	H
主轴停止	34	6	H	34	6	H	快速修调加	33	1	H	33	1	H
主轴反转	34	7	H	34	7	H	快速修调100%	33	2	H	33	1	H

图 2－9－5 操作面板输入/输出点定义

① 功能名称。如图 2－9－5 所示,在表格里用汉字标注表示的是功能的名称,如"换刀允许"、"机床锁住"等。

② 功能定义。可分为输入点和输出点。以输入点为例,包含三个部分:组、位和有效。

组——该项功能在电气原理图中所定义的组号,当该功能不需要时,可以按照后面的修改方法将其设置为"－1",则可将其屏蔽掉。

位——该项功能在组里的有效位,一个字节共有 8 个数据位,所以该项的有效数字为 0～7,若该项被屏蔽掉则会显示"＊",如图 2－9－6 所示。

有效——在何种情况下该位处于有效状态,一般是指高电平有效还是低电平有效,如果是高电平有效,则填"H",否则填"L";当该功能被屏蔽掉时,该项同样也会显示"＊"。

注意:要避免同一个输入点被重复定义,如"自动"定义为 X40.1,其他方式就不要再定义为 X40.1 了。

(2)输入输出点的修改。以操作面板定义中的"自动"为例,对其输入、输出点进行编辑。现假设"自动"这一方式在 30 组 1 位,低电平有效,则修改方法如下:

① 把蓝色亮条移到自动方式的输入点的组这一栏。

② 按 Enter 键,蓝色亮条所指选项的颜色和背景都会发生变化,同时有一光标在闪烁。

③ 将 30 改为 40,按 Enter 键即可。

操作面板定义	输入点			输出点			操作面板定义	输入点			输出点		
	组	位	有效	组	位	有效		组	位	有效	组	位	有效
自动	10	1	L	10	1	L	空运行	32	0	L	32	0	L
单段	30	1	H	30	1	H	倍率为1	32	1	H	32	1	H
手动	30	2	H	30	2	H	倍率为10	32	2	H	32	2	H
增量	30	3	H	30	3	H	倍率为100	32	3	H	32	3	H
回零	30	4	H	30	4	H	倍率为1000	32	4	H	32	4	H
冷却开停	30	5	H	30	5	H	超程解除	34	1	H	34	1	H
换刀允许	-1	*	*	30	6	H	Z轴锁住	34	3	H	34	3	H
刀具松紧	30	7	H	30	7	H	机床锁住	34	4	H	34	4	H
主轴定向	32	5	H	32	5	H	主轴修调减	31	0	H	31	0	H
主轴冲动	32	6	H	32	6	H	主轴修调加	31	2	H	31	2	H
主轴制动	32	7	H	32	7	H	主轴修调100%	31	1	H	31	1	H
主轴正转	34	5	H	34	5	H	快速修调减	33	0	H	33	0	H
主轴停止	34	6	H	34	6	H	快速修调加	33	2	H	33	2	H
主轴反转	34	7	H	34	7	H	快速修调100%	33	1	H	33	1	H

图 2-9-6　数据位被屏蔽掉显示"＊"

④ 把蓝色光条移到输入点的位这一栏。

⑤ 按 Enter 键,将 0 改为 1,再按 Enter 键即可。

⑥ 把光标移到输入点的有效这一栏。

⑦ 按 Enter 键,将 H 改为 L,再按 Enter 键即可。

⑧ 输出点的修改类似。

这样就完成了整个修改过程。

技能实训

一、实训器材

(1)华中世纪星数控系统综合实训台。

(2)专用连接电缆线。

(3)万用表。

(4)PC 键盘。

二、实训内容

(1)标准 PLC 的调试。

(2)标准 PLC 的修改。

三、实训步骤

1. 标准 PLC 的调试

(1)标准 PLC 调试的内容。

① 操作数控装置,进入输入/输出开关量显示状态,对照电气原理图,逐个检查 PLC 输入、输出点的连接和逻辑关系是否正确。在主操作界面下,按 F10 键进入扩展功能子菜单;

在扩展功能子菜单下,按 F1 键,系统将弹出 PLC 子菜单;在 PLC 子菜单下,按 F4 键,系统将弹出如图 2-9-7 所示的操作界面,按 F1 键,便进入如图 2-9-8 所示的输入点状态界面。

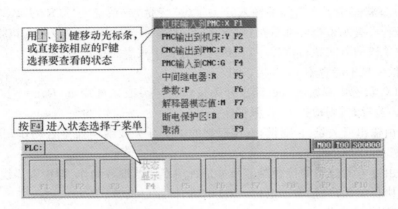

图 2-9-7　PLC 功能子菜单与状态选择子菜单

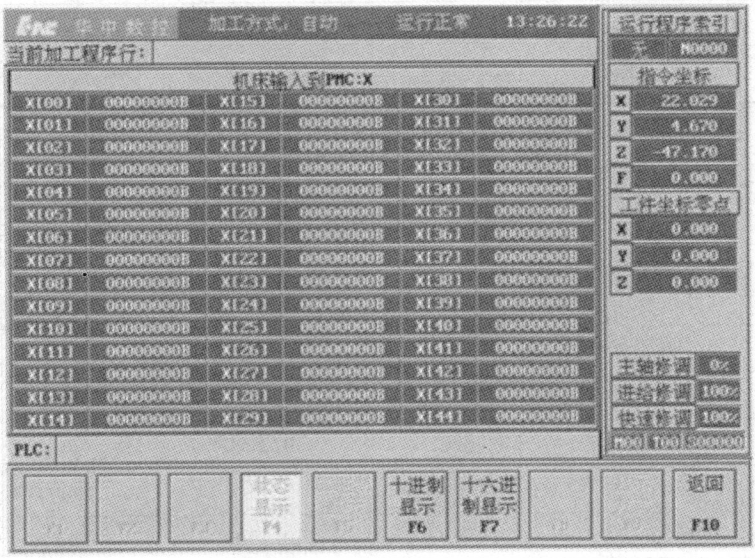

图 2-9-8　输入点状态界面

　　输入/输出开关量显示状态 X、Y 默认为二进制显示。每 8 位一组,每一位代表外部一位开关量输入或输出信号。例如,通常 $X[00]$ 的 8 位数字量从右往左依次代表开关量输入的 I0~I7。$X[01]$ 代表开关量输入的 I8~I15,以此类推。同样,$Y[00]$ 通常代表开关量输出的 O0~O7,$Y[01]$ 代表开关量输出的 O8~O15,以此类推。

　　各种输入/输出开关量的数字状态显示形式,可以通过 F5、F6、F7 键在二进制、十进制和十六进制之间切换。若所连接的输入元器件的状态发生变化(如行程开关被压下),则所对应的开关量的数字状态显示也会发生变化,由此可检查输入/输出开关量电路的连接是否正确。

② 检查机床超程限位开关是否有效,报警显示是否正确(各坐标轴的正负超程限位开关的一个常开触点,已经接入输入开关量接口)。

(2)标准 PLC 调试的方法。通常按下列步骤调试、检查 PLC。

① 在 PLC 状态中观察所需的输入开关量(X 变量)或系统变量(R、G、F、P、B 变量)是否正确输入,若没有则检查外部电路;对于 M、S、T 指令,应该编写一段包含该指令的零件程序,用自动或单段的方式执行该程序,在执行的过程中观察相应的变量(因为在 MDI 方式正在执行的过程中是不能观察 PLC 状态的)。

② 在 PLC 状态中观察所需的输出开关量(Y 变量)或系统变量(R、G、F、P、B 变量)是否正确输出。若没有,则检查 PLC 源程序。

③ 检查由输出开关量(Y 变量)直接控制的电子开关或继电器是否动作。若没有动作,则检查连线。

④ 检查由继电器控制的接触器等开关是否动作。若没有动作,则检查连线。

⑤ 检查执行单元,包括主轴电机、步进电机、伺服电机等。

2. 标准 PLC 的修改

(1)主轴转速的调整。表 2-9-1 列出的是变频器的最大输出频率,即变频器在接收到最大信号量时所输出的频率。变频器的输出频率和主轴转速可以通过变频器的输出频率显示来读出。填写表 2-9-1,了解主轴转速控制的实现。

表 2-9-1 主轴转速控制

变频器最大频率(Hz)	电动机最大转速(r/min)	设定电动机下限/上限转速(r/min)	实测电动机下限/上限转速(r/min)	系统给定转速(r/min)	变频器输出频率(Hz)
100	3000	50/3000	50/3000	1000	
100	3000	50/3000	50/3000	500	
100	1500	50/1500	50/1500	1000	
100	1500	50/1500	50/1500	500	
50	3000	50/3000	50/3000	1000	
50	3000	50/3000	50/3000	500	
50	1500	50/1500	50/1500	1000	
50	1500	50/1500	50/1500	500	

(2)刀架信号输入点定义的设置。

① 刀架的正转输出为 0.3,反转为 0.4,如果 PLC 这样设置,编译后系统应该可以正常运行。在刀架运转正常的情况下,将 PLC 的刀架正反转输出信号 Y0.3、Y0.4 进行互换,重新编译后,运转刀架有什么现象,分析原因。

② 断开电源,把输入转接板的刀架到位信号 X1.3、X1.4 的输入位置向后平移两个点,重新上电后进行换刀操作,有什么现象,分析原因。

(3)自动润滑功能的设定。

① 进入 PLC 的编辑状态,定义自动润滑开的输出信号点为 Y0.6。

② 退出 PLC 并进行重新编译。

③ 修改系统参数中的用户 PLC 参数,设定自动润滑开始的间隔时间以及每次润滑的持续时间。

④ 进入系统,观察输出信号 Y0.6 是否有输出,且其输出时间的长短是否与定义的相一致。

⑤ 修改自动润滑开始的间隔时间以及每次润滑的持续时间,观察 Y0.6 输出信号的变化。

(4)用实训台所带"乒乓"开关控制主轴正反转。

① 进入车床标准 PLC 的编辑状态,按 Alt＋K 键进入车床面板操作按键输入点的定义。

② 找到主轴正反转的输入定义点,分别更改为"乒乓"开关的输入点(X0.6、X0.7)。

③ 退出标准 PLC 并进行编译,完成利用"乒乓"开关控制主轴正反转运行。

四、技能考核

技能考核评价标准与评分细则见表 2-9-2。

表 2-9-2　PLC 系统的调试与检修实训评价标准与评分细则

评价内容	配分	考核点	评分细则	得分
实训准备	10	清点实训器材、工具,并摆放整齐	每少一项实训器材扣 3 分,工具摆放不整齐扣 5 分	
操作规范	10	(1)行为文明,有良好的职业操守。 (2)实训完后清理、清扫工作现场	(1)迟到、做其他事酌情扣 10 分以内。 (2)未清理、清扫工作现场扣 5 分	
实训内容	80	(1)标准 PLC 的调试。 (2)标准 PLC 的修改。	(1)未按要求调试,每处扣 20 分。 (2)未按要求完成修改,每处扣 20 分。	
工时		120 分钟		

✳ ✳

思　考　题

(1)在实训台上设置手动换挡功能后,运行一段含有主轴转速变化指令的加工程序,观察系统能否顺利执行指令?

(2)如何通过 PLC 设定,开启面板卡盘夹紧、松开操作按键功能?

✳ ✳

任务 2-10 PLC 编程与调试

【学习目标】
(1)熟悉华中数控系统梯形图软件的使用环境和特点。
(2)掌握简单的 PLC 梯形图程序的编写和调试。

相关知识

一、华中数控内置式 PLC 的结构及相关寄存器

1. 华中数控内置式 PLC 的结构

华中铣削数控系统的 PLC 为内置式 PLC,其逻辑结构如图 2-10-1 所示。

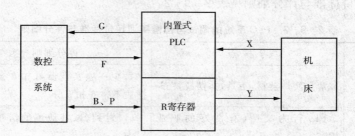

图 2-10-1 华中数控世纪星内置式 PLC 的逻辑结构

2. 华中数控系统梯形图寄存器说明

(1)X(X 寄存器)。X 为机床输出到 PLC 的开关信号,最大可有 128 组(或称字节,下同)。

(2)Y(Y 寄存器)。Y 为 PLC 输出到机床的开关信号,最大可有 128 组。

(3)R(R 寄存器)。R 为 PLC 内部中间寄存器,共有 768 组。

(4)G(G 寄存器)。G 为 PLC 输出到计算机数控系统的开关信号,最大可有 256 组。

(5)F(F 寄存器)。F 为计算机数控系统输出到 PLC 的开关信号,最大可有 256 组。

(6)P(P 寄存器)。P 为 PLC 外部参数,可由机床用户设置(运行参数子菜单中的 PMC 用户参数命令即可设置),共有 100 组。

(7)B(B 寄存器)。B 为断电保护信息,共有 100 组。

几点说明如下:

(1)X、Y 寄存器会随不同的数控机床而有所不同,主要与机床的输入/输出开关信号(如限位开关、控制面板开关等)有关。但 X、Y 寄存器一旦定义好,软件就不能更改其寄存器各位的定义;如果要更改,必须更改相应的硬件接口或接线端子。

(2)R 寄存器是 PLC 内部的中间寄存器,可由 PLC 软件任意使用。

(3)G、F 寄存器由数控系统与 PLC 事先约定好的,PLC 硬件和软件都不能更改其寄存器各位(bit)的定义。

(4)P 寄存器可由 PLC 程序与机床用户任意自行定义。

(5)对于各寄存器,系统提供了相关变量供用户灵活使用。

二、华中数控系统梯形图元件

华中数控系统梯形图程序开发软件常用的图元件,即基本指令和功能模块如图2-10-2所示。在图元树的工程中,选择初始化、plc1、plc2或全部信息都可以进行梯形图的输入。首先在图元树的绘图框中选择一个元件,然后在编辑窗口中双击,就可以在点击处加入所选的元件。例如,选择的是竖线,则在点击处加入竖线。也可以在编辑窗口中单击,先选择一个位置,然后点击工具栏中的元件,就可以在选定的位置加入此元件。例如,在工具栏点击的是竖线,则在选定位置的单元后面加入竖线。

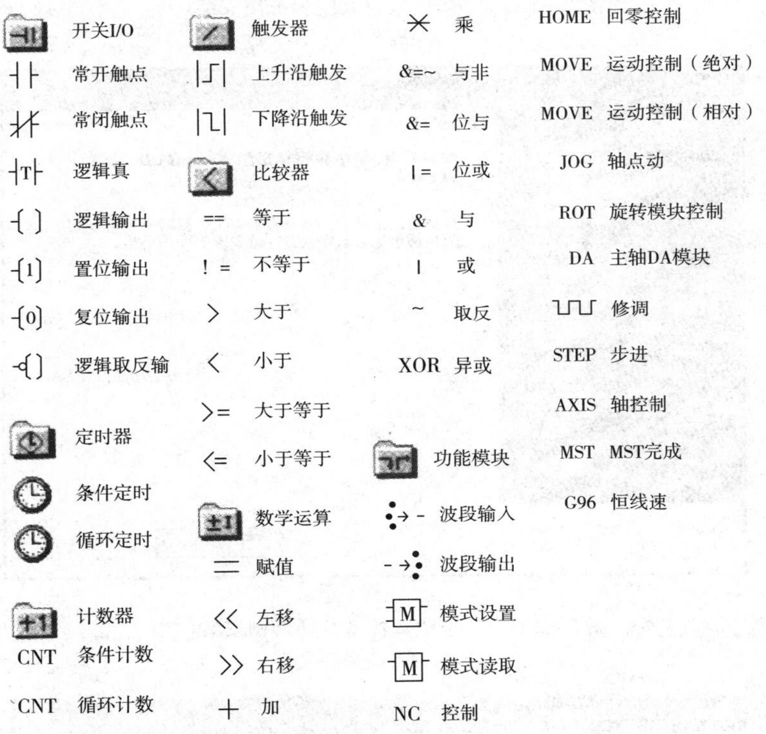

开关I/O	触发器	✕ 乘	HOME 回零控制
常开触点	上升沿触发	&=~ 与非	MOVE 运动控制(绝对)
常闭触点	下降沿触发	&= 位与	MOVE 运动控制(相对)
逻辑真	比较器	|= 位或	JOG 轴点动
逻辑输出	== 等于	& 与	ROT 旋转模块控制
置位输出	!= 不等于	| 或	DA 主轴DA模块
复位输出	> 大于	~ 取反	修调
逻辑取反输	< 小于	XOR 异或	STEP 步进
	>= 大于等于		AXIS 轴控制
定时器	<= 小于等于	功能模块	MST MST完成
条件定时	数学运算	波段输入	G96 恒线速
循环定时	赋值	波段输出	
计数器	<< 左移	M 模式设置	
CNT 条件计数	>> 右移	M 模式读取	
CNT 循环计数	+ 加	NC 控制	

图2-10-2 常用图元件

三、华中数控系统梯形图的安装

华中数控系统梯形图的安装步骤如下。

(1)点击安装文件中的Setup.exe文件,将出现图2-10-3所示的界面,等候一会后,出现图2-10-4所示的界面。

(2)点击"下一步(N)>",将出现图2-10-5所示的界面。

(3)点击"是(Y)>",将出现图2-10-6所示的界面。

(4)在图2-10-6所示的界面中,输入用户名、公司名称和序列号(序列号为1)后,点击"下一步(N)>",将出现图2-10-7所示的界面。

(5)点击"下一步(N)>",将出现图2-10-8所示的界面。待安装完成后,出现图2-10-9所示的界面。

(6)点击"完成",即完成华中数控系统梯形图的安装。

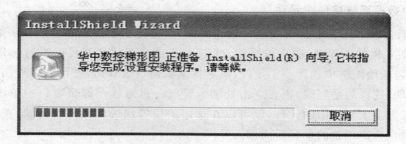

图 2-10-3　华中数控系统梯形图安装(一)

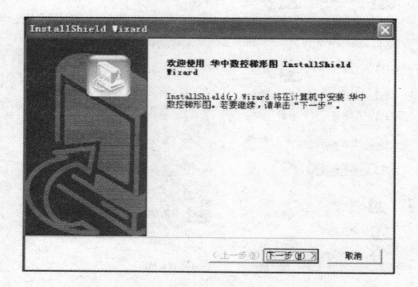

图 2-10-4　华中数控系统梯形图安装(二)

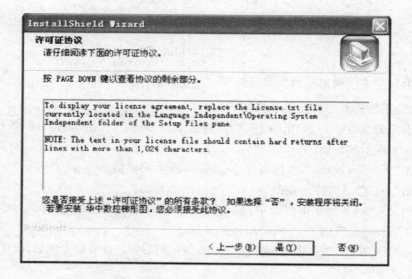

图 2-10-5　华中数控系统梯形图安装(三)

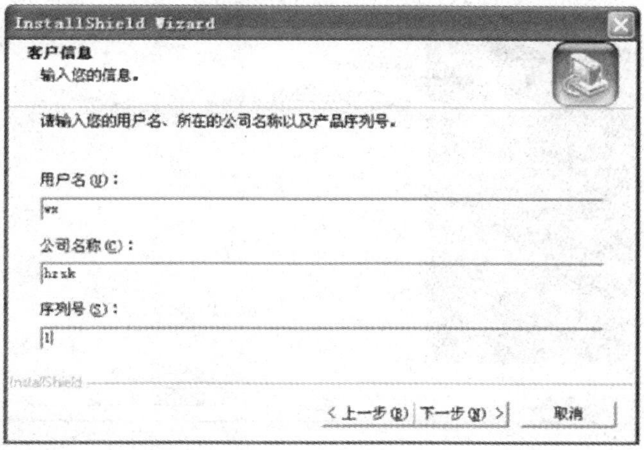

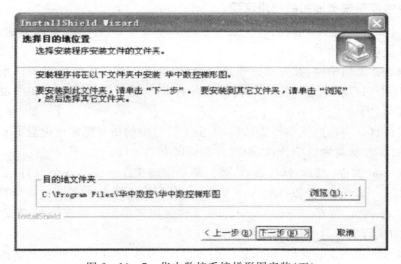

图 2-10-6 华中数控系统梯形图安装(四)

图 2-10-7 华中数控系统梯形图安装(五)

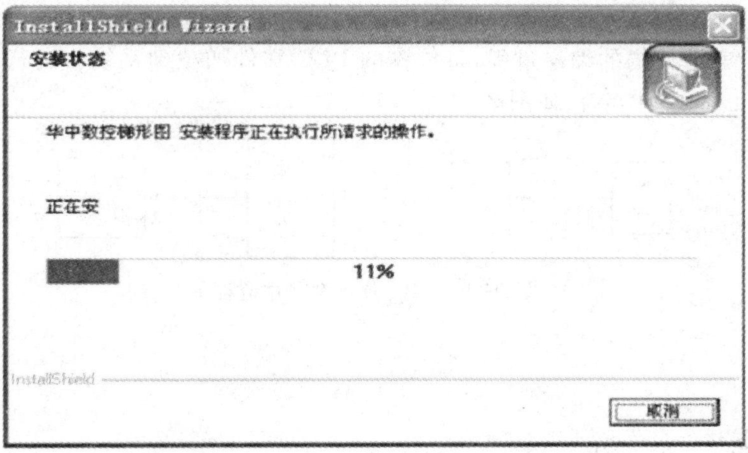

图 2-10-8 华中数控系统梯形图安装(六)

图 2 - 10 - 9 华中数控系统梯形图安装(七)

四、华中数控系统梯形图的使用流程

打开 HNC－PLC CAD 软件,首先通过工具菜单设定平台系统、机床类别、产品型号类型后,按以下流程编写梯形图。

(1)编辑。在编辑框中,首先画出梯形图,然后点击工具栏中的编译图标或键盘 F9 键。如果画出的梯形图存在错误,消息框将弹出,并在其中显示错误信息。如果没有弹出消息框,则编辑成功。

(2)调试仿真。当梯形图编辑成功后,点击工具栏中的仿真图标或键盘 F5 键,将会出现调试仿真窗口。在仿真窗口中,可以模拟其在机床上的运行。

(3)生成 com 文件。当调试仿真后,选择菜单中的文件→输出 com 文件,就可以在 PLC 文件夹下生成一个 cpp 文件和一个 com 文件,名字与梯形图名字相同。如果梯形图没有名字,则名字为 plc.cpp 和 plc.com。其中,cpp 文件是用梯形图转换成的 C 语言程序,而 com 文件是生成的执行文件。

(4)串口传输。当执行文件 com 文件生成以后,首先将 com 文件的名字改成数控系统所需要的名字,然后可以用串口传输软件将 com 文件传输到数控系统中或(在系统配有软驱的情况下,可以通过 3.5in 的软盘将文件从 PC 中拷贝到数控系统中)。文件上载后,参照 PLC 程序 C 语言源代码的编译过程,将传输的 PLC 文件加载到系统。运行系统,观察所设计的功能是否正常,具体流程如图 2 - 10 - 10 所示。

图 2 - 10 - 10 梯形图使用流程图

技能实训

一、实训器材

(1)华中世纪星数控系统综合实训台。

（2）专用连接线。

（3）PC 键盘。

（4）电脑。

（5）华中数控系统梯形图程序开发软件 HNC－PLC CAD。

二、实训内容

（1）PLC 梯形图软件基本指令的使用。

（2）PLC 梯形图软件功能指令的使用。

三、实训步骤

1. PLC 梯形图软件基本指令的使用

（1）实现 I/O 信号的读取与发出。

具体要求如下：

① 当按下自动按键时，自动按键灯亮；相反，松开自动按键时，自动按键灯灭。

② 当"循环启动按键灯"和"进给保持按键灯"不都亮时，利用空运行按键由断开到接通的上升沿让循环启动按键灯亮并保持，利用超程解除按键由接通到断开的下降沿让"进给保持按键灯"亮并保持；相反，当循环启动按键灯和进给保持按键灯同时亮时，利用空运行按键由断开到接通的上升沿或超程解除按键接通到断开的下降沿，让循环启动按键灯和进给保持按键灯同时熄灭。

参考梯形图程序如图 2－10－11 所示。

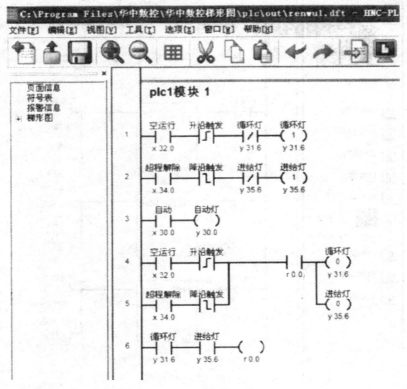

图 2－10－11　参考梯形图（一）

数控机床维修技能实训

（2）计数器与计时器及简单延时处理程序（已知 plc1 的调用周期为 16ms）。

具体要求如下：

① 按循环启动按键 10 下后，进给保持键点亮并保持。

② 当进给保持键亮时，各灯的按键，按照自动按键→回零按键→刀位转换按键→内卡/外卡按键→机床锁住按键→超程解除按键→定运行按键的顺序亮灭一个循环，并且按键亮的时间为 2s。完成一个循环后进给保持键灯灭。

参考梯形图程序如图 2-10-12 所示。

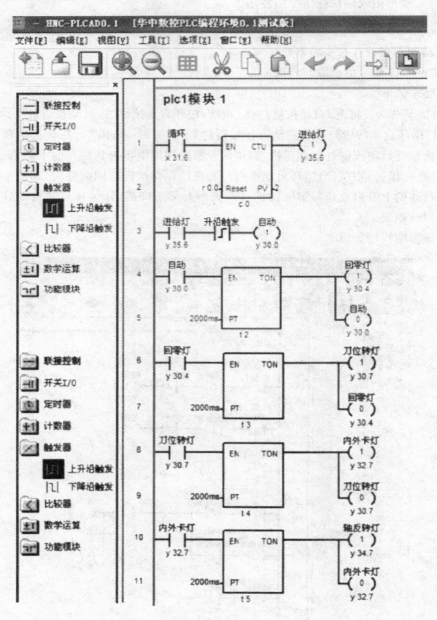

图 2-10-12　参考梯形图（二）

· 186 ·

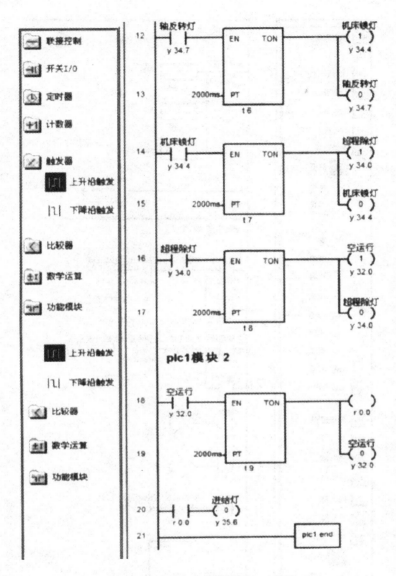

图 2-10-12 参考梯形图(二)(续)

2. PLC 梯形图软件功能指令的使用

(1)具体要求如下:

① 首先设定一个启动速度。通过正转按键、反转按键和停止按键可以实现主轴的正转、反转和停止,并且正反转互锁。

② 在主轴旋转时,可以通过主轴修调按键"-"和"+"来增加或减少速度,而按下"100%"按键则恢复设定的启动速度。

(2)参考梯形图程序,如图 2-10-13 所示。

四、技能考核

技能考核评价标准与评分细则见表 2-10-1。

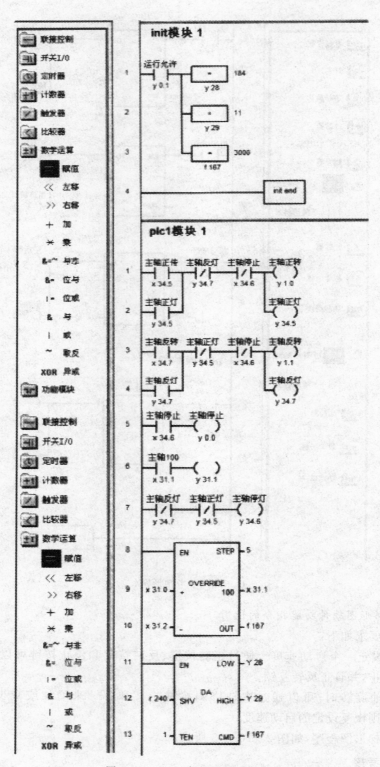

图 2-10-13 参考梯形图(三)

表 2－10－1　PLC 编程与调试实训评价标准与评分细则

评价内容	配分	考 核 点	评分细则	得分
实训准备	10	清点实训器材、工具,并摆放整齐	每少一项实训器材扣 3 分,工具摆放不整齐扣 5 分	
操作规范	10	(1)行为文明,有良好的职业操守。 (2)实训完后清理、清扫工作现场	(1)迟到、做其他酌情扣 10 分以内。 (2)未清理、清扫工作现场扣 5 分	
实训内容	80	(1)基本指令的应用。 (2)功能指令的应用	(1)基本指令编程时,每错一处扣 10 分。 (2)功能指令编程时,每错一处扣 10 分。	
工时		120 分钟		

思 考 题

(1)PLC 编程练习

① 新建一个 PLC 文件,如图 2－10－14 所示,然后将下面的程序输入到系统,并回答问题:程序上传到系统并加载后,分别按下自动按键和单段按键后,各会出现什么现象? 如果将此程序中的置位输出换成逻辑输出并在系统加载后,与上面的现象有何不同?

② 新建一个 PLC 文件,如图 2－10－15 所示,然后将下面的程序输入到系统中,并回答问题:将此程序编译后上传到系统并加载后,能够实现的动作是什么?

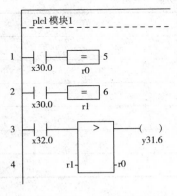

图 2－10－14　PLC 梯形图(一)

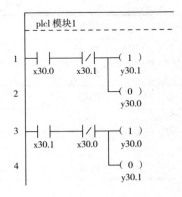

图 2－10－15　PLC 梯形图(二)

③ 新建一个 PLC 文件,如图 2－10－16 所示,然后将下面的程序输入到系统中,并回答问题:将此程序编译后上传到系统并加载后,能够实现的动作是什么?

(2)工作模式设置练习

① 了解如何设置工作模式,在 Init 中将 R200 赋初值,然后在 PLC 中调用模式设置,将 R200 的值赋给 g162。不同的初值对应不同的工作方式,见表 2－10－2。

② 在系统中输入如图2-10-17所示的程序,编译后上传到系统并加载,然后回答:按下自动、单段、手动、增量、手摇、回零按键后,各会出现什么现象?

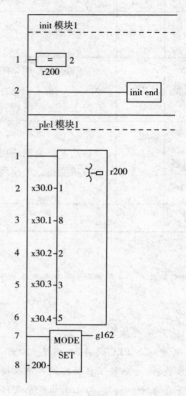

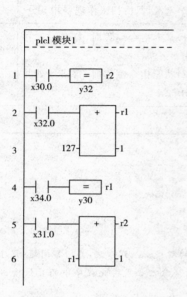

图2-10-16　PLC梯形图(三)

图2-10-17　PLC梯形图(四)

表2-10-2　工作方式的初值

工作方式	R200 值
自动	1
单段	9
手动	2
增量	3
手摇	4
回零	5

任务 2-11　数控机床几何精度检验

【学习目标】

（1）了解 ISO、GB 标准中常见的数控车床几何精度及加工精度检测项目标准数据。

（2）了解进行数控车床几何精度检测、加工精度检测常用的工具及其使用方法。

（3）掌握数控车床几何精度、加工精度检测方法。

相关知识

数控机床的精度检验是用户和设备提供方最关心和最重要的环节，也是设备检测验收中最常见的环节。对一般的数控机床用户，购买一台价格昂贵的数控机床后，至少应对数控机床的几何精度、位置精度、工作精度及功能等重要指标进行验收，确保各项数据都符合要求，并将这些数据保存好，以作为日后机床维修调整时的依据。

一、几何精度检验

1. 概念

机床的几何精度检验也称为静态精度检验。机床的几何精度综合反映机床各关键零部件及其组装后的综合几何形状和位置误差，包括部件自身精度和部件之间的相互位置精度。

2. 检测条件

机床的几何精度检测必须在地基完全稳定以及数控机床地脚螺栓处于压紧状态下进行。考虑到地基可能随时间而变化，一般要求机床使用半年后，再复校一次几何精度。

机床的几何精度处在冷、热不同状态时是不同的。按国家标准的规定，检验之前要使机床预热，机床通电后移动各坐标轴在全行程内往复运动几次，主轴按中等的转速运转十几分钟后进行几何精度检验。

3. 检测工具

检验机床几何精度的常用检验工具有精密水平仪、直角尺、精密方箱、平尺、平行光管、千分表或测微仪、高精度主轴芯棒及一些刚性较好的千分表杆等，如图 2-11-1 所示。检验工具的精度必须比所检测的几何精度高出一个数量等级。

4. 检测内容

根据 GBT 17421.1—1998《机床检验通则 第 1 部分 在无负荷或精加工条件下机床的几何精度》国家标准的说明有如下几类：

（1）直线度

① 一条线在一个平面或空间内的直线度，如数控卧式车床床身导轨的直线度。

② 部件的直线度，如数控升降台铣床工作台纵向基准 T 形槽的直线度。

③ 运动的直线度，如立式加工中心 X 轴轴线运动的直线度。

长度测量方法有平尺和指示器法、钢丝和显微镜法、准直望远镜法和激光干涉仪法。

角度测量方法有精密水平仪法、自准直仪法和激光干涉仪法。

（2）平面度

测量方法有:平板法、平板和指示器法、平尺法、精密水平仪法和光学法。

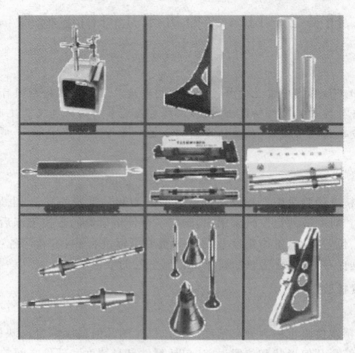

图 2-11-1 常用检测工具

(3)平行度、等距度、重合度

① 线和面的平行度,如数控卧式车床顶尖轴线对主刀架溜板移动的平行度。

② 运动的平行度,如立式加工中心工作台面和 X 轴轴线间的平行度。

③ 等距度,如立式加工中心定位孔与工作台回转轴线的等距度。

④ 同轴度或重合度,如数控卧式车床工具孔轴线与主轴轴线的重合度。

测量方法有平尺和指示器法、精密水平仪法、指示器和检验棒法。

(4)垂直度

① 直线和平面的垂直度,如立式加工中心主轴轴线和 X 轴轴线运动间的垂直度。

② 运动的垂直度,如立式加工中心 Z 轴轴线和 X 轴轴线运动间的垂直度。

测量方法有平尺和指示器法、角尺和指示器法、光学法(如自准直仪、光学角尺、放射器)。

(5)旋转。

① 径向跳动,如数控卧式车床主轴轴端的卡盘定位锥面的径向跳动或主轴定位孔的径向跳动。

② 周期性轴向窜动,如数控卧式车床主轴的周期性轴向窜动。

③ 端面跳动,如数控卧式车床主轴的卡盘定位端面的跳动。

测量方法有指示器法、检验棒和指示器法、钢球和指示法。

二、定位精度检验

1. 概念

数控机床的定位精度是机床各坐标轴在数控系统控制下所能达到的位置精度。根据实测的定位精度数值,可以判断机床在自动加工中能达到的最好的加工精度。

2. 检测条件

数控机床的定位精度检验必须在机床几何精度检验完成的基础上进行,检验前所检的数控机床也必须进行预热。

3. 检测工具

检测工具有测微仪、成组块规、标准长度刻线尺、光学读数显微镜和双频激光干涉仪等。标准长度的检测以双频激光干涉仪为准。回转运动检测工具一般有 36 齿精确分度的标准转台、角度多面体、高精度圆光栅等。

4. 检测内容

一般情况下定位精度主要检验的内容有以下几项:

(1)直线运动定位精度(X、Y、Z、U、V、W轴)。

直线运动定位精度的检验一般是在空载的条件下进行。按国际标准化组织(ISO)规定和国家标准规定,对数控机床的直线运动定位精度的检验应该以激光检测为准。如果没有激光检测的条件,可以用标准长度刻线尺进行比较测量。

(2)直线运动重复定位精度。

直线运动重复定位精度是反映坐标轴运动稳定性的基本指标,机床运动精度的稳定性决定了加工零件质量的稳定性和误差的一致性。重复定位精度的检验所使用的检测仪器与检验定位精度所用的仪器相同。

(3)直线运动的回零精度。

数控机床的每个坐标轴都需要有精确的定位起点,这个称为坐标轴的原点或参考点。它与程序编制中使用的工作坐标系、夹具安装基准有直接关系。

数控机床每次开机时回零精度要一致。因此,要求原点的定位精度比坐标轴上任意点的重复定位精度要高。进行直线运动的回零精度检验的目的一个是检测坐标轴的回零精度,另一个检测各轴回零的稳定性。

(4)直线运动失动量。

坐标轴直线运动失动量又称直线运动反向差,简称反向间隙。坐标轴的直线运动失动量是进给轴传动链上驱动元件的反向死区以及机械传动副的反向间隙和弹性变形等误差的综合反映。该误差越大,那么定位精度和重复定位精度就越差。如果失动量在全行程范围内均匀,可以通过数控系统的反向间隙补偿功能给予修正,但是补偿值越大,就表明影响该坐标轴定位误差的因素越多。

(5)回转轴运动精度。

回转轴运动精度的检验方法与直线运动精度的测定方法相同,检测仪器是标准转台、平行光管、精密圆光栅。

三、工作精度检验

1. 概念

数控设备工作精度主要指机床的切削加工精度。切削精度不仅反映出机床的几何精度和定位精度,还同时包括了环境温度、试件材料及硬度、刀具性能及切削用量等各种因素可能造成的误差。数控机床的工作精度检验又称为动态精度检验。

2. 检测工具

数控机床切削精度的检验所需检测工具与几何精度检测相同。

3. 检测条件

在切削试件时,可参照国家标准中规定的有关条文进行或按机床所附有关技术资料规定的具体条件进行。

4. 检测内容

工作精度检测可分为单项加工精度检测和综合加工精度检测。不同类型的机床的检测内容有所不同,可根据自己的检测条件和要求,合理进行选择。

对数控车床常以切削一个包含圆柱面、锥面、球面、倒角和割槽等多种工序的棒料试件作为数控车床的工作精度的检测对象,数控车床的工作精度检验的检测对象还有螺纹加工试件。

以镗铣为主的切削机床的主要单项加工精度有:

(1)镗孔精度。

(2)端铣刀铣削平面精度($X-Y$平面)。

(3)镗孔的孔距精度和孔径分散度。

(4)直角的直线铣削精度。

(5)斜线铣削精度。

(6)圆弧铣削精度。

(7)箱体掉头镗孔同轴度(对卧式机床)。

(8)水平转台回转精度。

技能实训

一、实训内容

(1)机床调平。

(2)常见几何精度检测。

(3)常见加工精度检测。

二、实训步骤

1. 床身导轨的直线度和平行度检测

(1)床身导轨在垂直平面内的直线度检测。

检测工具为精密水平仪。检测方法如图 2-11-2 所示。

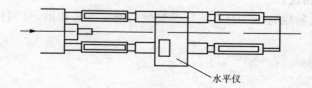

水平仪

图 2-11-2　床身导轨在垂直平面内的直线度检测

① 水平仪沿 Z 向放在溜板上,沿导轨全长等距离地在各位置上检验,记录水平仪的读数,并记入实验报告表 2-11-1 中。

② 用作图法计算出床身导轨在垂直平面内的直线度误差。

（2）检验床身导轨两工作面之间的平行度检测。

实训工具为精密水平仪。实训方法如图2-11-3所示。

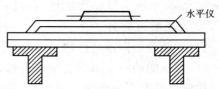

水平仪沿 X 向放在溜板上，在导轨上移动溜板，记录水平仪读数，其读数最大值即为床身导轨的平行度误差。

图2-11-3　床身导轨两工作面之间的平行度检测

2. 溜板在水平面内移动的直线度检测

检测工具有指示器和检验棒，百分表和平尺。检测方法如图2-11-4所示。

（1）将检验棒顶在主轴和尾座顶尖上。

（2）将百分表固定在溜板上，百分表水平触及检验棒母线。

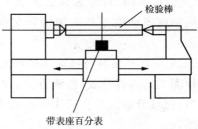

（3）全程移动溜板，调整尾座，使百分表在行程两端读数相等，检测溜板移动在水平面内的直线度误差。

3. 尾座移动对溜板移动的平行度检测

（1）垂直平面内尾座移动对溜板移动的平行度检测。

（2）水平面内尾座移动对溜板移动的平行度检测。

检测工具为百分表，检测方法如图2-11-5所示。

图2-11-4　溜板在水平面内移动的直线度检测

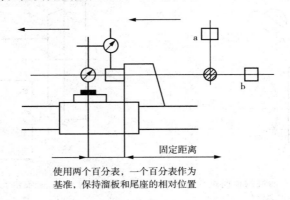

图2-11-5　尾座移动对溜板移动的平行度检测

① 将尾座套筒伸出后，按正常工作状态锁紧，同时使尾座尽可能地靠近溜板，把安装在溜板上的第二个百分表相对于尾座套筒的端面调整为零。

② 在溜板移动时也要手动移动尾座，直至第二个百分表的读数为零，使尾座与溜板相对距离保持不变。

③ 按此法使溜板和尾座全行程移动，只要第二个百分表的读数始终为零，则第一个百分表相应指示出平行度误差或沿行程在每隔300mm处记录第一个百分表读数，百分表读数

的最大差值即为平行度误差。

④ 第一个指示器分别在图 2-11-5 中 a、b 位置测量，误差单独计算。

4．主轴跳动检测

(1)主轴的轴向窜动检测。

(2)主轴的轴肩支承面的跳动检测。

检测工具有百分表和专用装置,检测方法如图 2-11-6 所示。

① 用专用装置在主轴线上加力 F(F 的值为消除轴向间隙的最小值),把百分表安装在机床固定部件上。然后,使百分表测头沿主轴轴线分别触及专用装置的钢球和主轴轴肩支承面。

② 旋转主轴,百分表读数最大差值即为主轴的轴向窜动误差和主轴轴肩支承面的跳动误差。

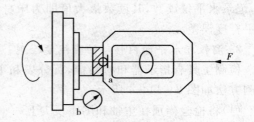

图 2-11-6 主轴跳动检测示意图

5．主轴定心轴颈的径向跳动检测

检测工具为百分表,检测方法如图 2-11-7 所示。

(1)把百分表安装在机床固定部件上,使百分表测头垂直于主轴定心轴颈并触及主轴定心轴颈。

(2)旋转主轴,百分表读数最大差值即为主轴定心轴颈的径向跳动误差。

6．主轴锥孔轴线的径向跳动检测

检测工具有百分表和检验棒。检测方法如图 2-11-8 所示。

图 2-11-7 主轴定心轴颈的径向跳动检测

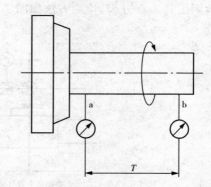

图 2-11-8 主轴锥孔轴线的径向跳动检测

(1)将检验棒插在主轴锥孔内,把百分表安装在机床固定部件上,使百分表测头垂直触及被测表面,旋转主轴,记录百分表的最大读数差值,在 a、b 处分别测量。

(2)标记检验棒与主轴的圆周方向的相对位置,取下检验棒,同向分别旋转检验棒 90°、180°、270° 后重新插入主轴锥孔,在每个位置分别检测。

(3)取 4 次检测的平均值即为主轴锥孔轴线的径向跳动误差。

7．主轴轴线(对溜板移动)的平行度检测

检测工具有百分表和检验棒。检测方法如图 2-11-9 所示。

（1）将检验棒插在主轴锥孔内,把百分表安装在溜板（或刀架）上。

（2）使百分表测头垂直在平面触及被测表面（检验棒）,移动溜板,记录百分表的最大读数差值及方向;旋转主轴180°,重复测量一次。取两次读数的算术平均值作为在垂直平面内主轴轴线对溜板移动的平行度误差。

（3）使百分表测头在水平平面内垂直触及被测表面（检验棒）,按上述方法重复测量一次,即得水平平面内主轴轴线对溜板移动的平行度误差。

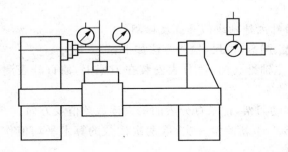
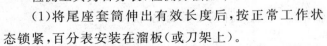

图 2 - 11 - 9 主轴轴线的平行度检测

8. 主轴顶尖的跳动检测

检测工具有百分表和专用顶尖,检测方法如图2 - 11 - 10所示。

将专用顶尖插在主轴锥孔内,把百分表安装在机床固定部件上,使百分表测头垂直触及被测表面,旋转主轴,记录百分表的最大得数差值。

9. 尾座套筒轴线（对溜板移动）的平行度检测

检测工具为百分表,检测方法如下:

（1）将尾座套筒伸出有效长度后,按正常工作状态锁紧,百分表安装在溜板（或刀架上）。

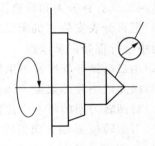

图 2 - 11 - 10 主轴顶尖的跳动检测

（2）使百分表测头在垂直平面内垂直触及被测表面（尾座筒套）,移动溜板,记录百分表的最大读数差值及方向;即得在垂直平面内尾座套筒轴线对溜板移动的平行度误差。

（3）使百分表测头在水平平面内垂直触及被测表面（尾座套筒）,按上述方法重复测量一次,即得在水平平面内尾座套筒轴线对溜板移动的平行度误差。

10. 尾座套筒锥孔轴线（对溜板移动）的平行度检测

检测工具为百分表和检验棒,检测方法如下 :

（1）尾座套筒不伸出并按正常工作状态锁紧;将检验棒插在尾座套筒锥孔内,指示器安装在溜板（或刀架）上。

（2）把百分表测头在垂直平面内垂直触及被测表面（尾座套筒）,移动溜板,记录百分表的最大读数差值及方向;取下检验棒,旋转检验棒180°后重新插入尾座套孔,重复测量一次,取两次读数的算术平均值作为在垂直平面内尾座套筒锥孔轴线对溜板移动的平行度误差。

（3）把百分表测头在水平平面内垂直触及被测表面,按上述方法重复测量一次,即得在水平平面内尾座套筒锥孔轴线对溜板移动的平行度误差。

11. 床头和尾座两顶尖的等高度检测

检测工具有百分表和检验棒,检测方法如下:

(1)将检验棒顶在床头和尾座两顶尖上,把百分表安装在溜板(或刀架)上,使百分表测头在垂直平面内垂直触及被测表面(检验棒)。

(2)移动溜板至行程两端,移动小拖板(X 轴),记录百分表在行程两端的最大读数值的差值,即为床头和尾座两顶尖的等高度。

(3)测量时注意方向。

12. 刀架横向移动对主轴轴线的垂直度检测

检测工具有百分表、圆盘、平尺,检测方法如下:

(1)将圆盘安装在主轴锥孔内,百分表安装在刀架上,使百分表测头在水平平面内垂直触及被测表面(圆盘)。

(2)再沿 X 轴向移动刀架,记录百分表的最大读数差值及方向。

(3)将圆盘旋转 180°,重新测量一次,取两次读数的算术平均值作为横刀架横向移动对主轴轴线的垂直度误差。

13. 刀架转位的重复定位精度、刀架转位 X 轴方向回转重复定位精度检测

检测工具有百分表和检验棒,检测方法如下:

(1)把百分表安装在机床固定部件上,使百分表测头垂直触及被测表面(检具),在回转刀架的中心行程处记录读数。

(2)用自动循环程序使刀架退回,转位 360°,最后返回原来的位置,记录新的读数。

(3)误差以回转刀架至少回转三周的最大和最小读数差值计。

(4)对回转刀架的每一个位置都应重复进行检验,并对每一个位置百分表都应调到零。

(5)刀架转位 Z 轴方向回转重复定位精度检测与上类同。

14. 工作精度检测

(1)精车圆柱试件的圆度(靠近主轴轴端,检验试件的半径变化)检测。

检测工具为千分尺,检测方法如下:

① 精车试件(试件材料为 45 钢,正火处理,刀具材料为 YT30)外圆 D,试件如图 2-11-11 所示。

② 用千分尺测量靠近主轴轴端的检验试件的半径变化,取半径变化最大值近似作为圆度误差。

③ 用千分尺测量每一个环带直径之间的变化,取最大差值作为该项误差切削加工直径的一致性(检验零件的每一个环带直径之间的变化)。

(2)精车端面的平面度检测。

检测工具有平尺、量块,检测方法如下:

① 精车试件端面(试件材料:HT150,180~200HB,外形如图;刀具材料:YG8),试件如图 2-11-12 所示。

② 使刀尖回到车削起点位置,把指示器安装在刀架上,指示器测头在水平平面内垂直触及圆盘中间,负 X 向移动刀架,记录指示器的读数及方向。

③ 用终点时读数减起点时读数除 2 即为精车端面的平面度误差。

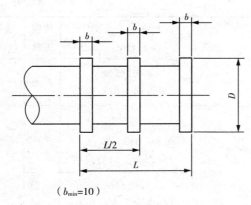

（b_{min}=10）

图 2 - 11 - 11　主轴轴线的平行度检测

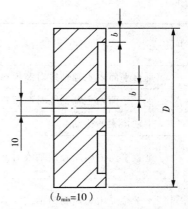

（b_{min}=10）

图 2 - 11 - 12　主轴顶尖的跳动检测

（3）螺距精度检测。

检测工具为丝杠螺距测量仪。检验方法：可取外径为 50mm，长度为 75mm，螺距为 3mm 的丝杠作为试件进行检测（加工完成后的试件应充分冷却）。

（4）精车圆柱形零件的直径尺寸精度、精车圆柱形零件的长度尺寸精度检测。

检测工具有测高仪、杠杆卡规。检验方法：用程序控制加工圆柱形零件（零件轮廓用一把刀精车而成），测量其实际轮廓与理论轮廓的偏差

15. 整理记录实训数据，填写表 2 - 11 - 1

表 2 - 11 - 1　数控车床几何精度检测数据记录

机床型号		机床编号	环境温度		
序号		检 测 项 目	允许误差范围 （mm）	检测 工具	实测 （mm）
G1	导轨 调平	床身导轨在垂直平面内的垂直度	0.020(凸)		
		床身导轨在水平平面内的平行度	0.04/1000		
G2		溜板移动在水平面内的直线度	$DC \leqslant 500$ 时，0.015		
			$500 < DC \leqslant 1000$ 时，0.02		
G3		垂直平面内尾座移动对溜板移动的平行度	$DC \leqslant 1500$ 时，0.03； 在任意 500mm 测量 长度上为 0.02		
		水平平面内尾座移动对溜板移动的平行度			
G4		主轴的轴向窜动	0.010		
		主轴轴肩支承面的跳动	0.020		
G5		主轴定心轴颈的径向跳动	0.010		
		靠近主轴端面主轴锥孔轴线的径向跳动	0.010		
G6		距主轴端面 L（$L = 300mm$）处主轴锥孔轴线的径向跳动	0.020		

（续表）

序号	检测项目	允许误差范围 （mm）	检测 工具	实测 （mm）
G7	垂直平面内主轴轴线对溜板移动的平行度	0.02/300 （只许向上向前偏）		
	水平平面内主轴轴线对溜板移动的平行度			
G8	主轴顶尖的跳动	0.015		
G9	垂直平面内尾座套筒轴线对溜板移动的平行度	0.015/100 （只许向上向前偏）		
	水平平面内尾座套筒轴线对溜板移动的平行度	0.01/100 （只许向上向前偏）		
G10	垂直平面内尾座套筒锥孔轴线对溜板移动的平行度	0.03/300 （只许向上向前偏）		
	水平平面内尾座套筒锥孔轴线对溜板移动的平行度			
G11	床头和尾座两顶尖的等高度	0.04（只许尾座高）		
G12	横刀架横向移动对主轴轴线的垂直度	0.02/300（$\alpha > 90°$）		
G18	X轴方向回转刀架转位的重复定位精度	0.005		
	Z轴方向回转刀架转位的重复定位精度	0.01		
P1	精车圆柱试件的圆度	0.005		
	精车圆柱试件的圆柱度	0.03/300		
P2	精车端面的平面度	直径为300mm时， 0.025（只许凹）		
P3	螺距精度	任意50mm测量 长度上为0.025		
P4	精车圆柱形零件的直径尺寸精度（直径尺寸差）	±0.025		
	精车圆柱形零件的长度尺寸精度	±0.035		

三、技能考核

技能考核评价标准与评分细则见表2-11-2。

表2-11-2　数控机床几何精度检测实训评价标准与评分细则

评价内容	配分	考核点	评分细则	得分
实训准备	10	清点实训器材、工具，并摆放整齐	每少一项实训器材扣3分，工具摆放不整齐扣5分	
操作规范	10	（1）行为文明，有良好的职业操守。 （2）实训完后清理、清扫工作现场	（1）迟到、做其他事酌情扣10分以内。 （2）未清理、清扫工作现场扣5分	

（续表）

评价内容	配分	考 核 点	评分细则	得分
实训内容	80	(1)机床调平。 (2)机床的几何精度检测。 (3)机床的加工精度检测	(1)未调平或操作错误扣 20～30分。 (2)每少检或错检一项扣 10分。 (3)每少检或错检一项扣 20分	
工时			240 分钟	

※※

思 考 题

(1)数控机床精度检测包括哪些项目？

(2)数控机床几何精度检测常用的工具有哪些？

(3)试分析数控车床刀架横向移动对主轴轴线的垂直度误差和对车削出的端面的平面度误差的影响。

※※

数控机床维修技能实训

附　录

附录 A　FANUC Oi 系统参数

表 A-1　SETTING 参数

参数号	符　号	意　义	T 系列	M 系列
0/0	TVC	代码垂直检验	0	0
0/1	ISO	数据输出时，EIA/ISO 代码的选择	0	0
0/2	INI	输入单位是公制/英制的选择	0	0
0/5	SEQ	编写程序时自动加入程序的段号	0	0
3216		自动加程序段号时程序段号的间隔	0	0

表 A-2　RS232C 接口参数

参数号	符　号	意　义	T 系列	M 系列
20		系统 I/O 通道(接口板)： 0、1：主 CPU 板 JD5A(JD36A-16i/18i) 2：主 CPU 板 JD5B(JD36B-16i/18i) 3：远程缓冲 JD5C 或选择板 1 的 JD6A(RS-422) 4：Memory Card DNC 加工(16i/18i) 5：Data Server 10：DNC1/DNC2 接口	0	0
100/3	NCR	程序段结束的输出码	0	0
100/5	ND3	DNC 运行时：一段一段地读/连续地读，直到缓冲器满	0	0

表 A-3　I/O 通道(I/O=0 时)的参数

参数号	符　号	意　义	T 系列	M 系列
101/0	SB2	停止位数的选择：1 位/2 位	0	0
101/3	ASⅡ	数据输入代码：EIA 和 ISO 自动转换/ASCⅡ	0	0
101/7	NFD	数据输出时数据后的同步孔的输出	0	0

（续表）

参数号	符　号	意　义	T 系列	M 系列
102	I/O CHANNEL	输入输出设备号： 0:普通 RS－232 口设备(使用 DC1～DC4 代码) 3:Handy File(3″软盘驱动器)	0	0
103	BAUDRATE	波特率： 10:4800 11:9600 12:19200	0	0

表 A－4　进给伺服控制参数

参数号	符　号	意　义	T 系列	M 系列
1001/0	INM	直线轴公制/英制丝杠的选择	0	0
1002/2	SFD	是否使用参考点偏移功能		0
1002/3	AZR	未回参考点是否报警(♯90 号)		0
1006/0,1	ROT,ROS	设定回转轴和回转方式	0	0
1006/3	DLA	指定直径/半径值编程	0	
1006/5	ZMI	回参考点方向	0	
1007/3	RAA	回转轴的转向(与 1008/1:RAB 合用)	0	0
1008/0	ROA	回转轴的循环功能	0	0
1008/1	RAB	绝对回转指令时,是否近距回转	0	0
1008/2	RBL	相对回转指令时是否规算	0	0
1260		回转轴一转的回转量	0	0
1010		CNC 的控制轴数(不包括 PMC 轴)	0	0
1020		各轴的编程轴名	0	0
1022		基本坐系系的指定	0	0
1023		各轴的伺服轴号	0	0
1401/1	LRP	G00 运动方式(直线/非直线)	0	0
1401/4	RFO	G00 倍率为 0 时停/不停	0	0
1402/0	NPC	无 1024 编码器的每转进给	0	0
1402/4	JRV	JOG 的每转进给	0	
1410		空运行速度	0	0
1420		快速移动(G00)速度	0	0

数控机床维修技能实训

（续表）

参数号	符 号	意 义	T 系列	M 系列
1421		快速移动倍率的低速（F0）	0	0
1422		最高进给速度允许值（所有轴一样）	0	0
1424		手动快速移动速度	0	0
1425		回参考点的慢速 FL	0	0
1430		各轴最高进给速度（分别）	0	0
1431		G08 进给最高速度	0	0
1432		G08 各轴最高进给速度（分别）	0	0
1620		快速移动 G00 时直线加减速时间常数	0	0
1622		切削进给时指数加减速时间常数	0	0
1624		JOG 方式的指数加减速时间常数	0	0
1626		螺纹切削时的加减速时间常数	0	0
1815/1	OPT	用分离型编码器	0	0
1815/5	APC	用绝对位置编码器	0	0
1816/4,5,6	DM1－3	检测倍乘比 DMR	0	0
1820		指令倍乘比 CMR	0	0
1819/0	FUP	位置跟踪功能生效	0	0
1825		位置环伺服增益	0	0
1826		到位宽度	0	0
1828		运动时的允许位置误差	0	0
1829		停止时的允许位置误差	0	0
1850		各轴参考点的栅格偏移量	0	0
1851		各轴反向间隙补偿量	0	0
1852		各轴快速移动时的反向间隙补偿量	0	0
1800/4	RBK	进给/快移时反向间补量分开控制选择	0	0

表 A-5　坐标系参数

参数号	符 号	意 义	T 系列	M 系列
1201/0	ZPR	手动回零点后自动设定工件坐标系	0	0
1250		自动设定工件坐标系的坐标值	0	0
1201/2	ZCL	手动回零点后是否取消局部坐标系	0	0

（续表）

参数号	符 号	意 义	T 系列	M 系列
1202/3	RLC	复位时是否取消局部坐标系	0	0
1202	C52	C52 是否考虑刀补		0
1240		第一参考点的坐标系	0	0
1241		第二参考点的坐标系	0	0
1242		第三参考点的坐标系	0	0
1243		第四参考点的坐标系	0	0

表 A-6　行程限位参数

参数号	符 号	意 义	T 系列	M 系列
1300/0	OUT	第二行程限位的禁止区（内/外）	0	0
1320		第一行程限位的正向值	0	0
1321		第一行程限位的反向值	0	0
1322		第二行程限位的正向值	0	0
1323		第二行程限位的反向值	0	0
1324		第三行程限位的正向值	0	0
1325		第三行程限位的反向值	0	0

表 A-7　DI/DO 参数

参数号	符 号	意 义	T 系列	M 系列
3003/0	ITL	互锁信号的生效	0	0
3003/2	ITX	各轴互锁信号的生效	0	0
3003/3	DIT	各轴各方向互锁信号的生效	0	0
3004/5	OTH	超程限位信号的检测	0	0
3010		MF,SF,TF,BF 滞后的时间	0	0
3011		FIN 宽度	0	0
3017		RST 信号的输出时间	0	0
3030		M 代码位数	0	0
3031		S 代码位数	0	0
3032		T 代码位数	0	0
3033		B 代码位数	0	0

表 A-8　显示和编辑

参数号	符号	意义	T 系列	M 系列
3102/3	CHI	汉语显示	0	0
3104/3	PPD	自动设坐标系时相对坐标系清零	0	0
3104/4	DRL	相对位置显示是否包括刀长补偿量		
3104/5	DRC	相对位置显示是否包括刀径补偿量	0	0
3104/6	DRC	绝对位置显示是否包括刀长补偿量	0	0
3104/7	DAC	绝对位置显示是否包括刀径补偿量	0	0
3105/0	DPF	显示实际进给速度	0	0
3105/2	DPS	显示实际主轴速度和 T 代码(必须有螺纹功能),且与♯3106/5 冲突	0	0
3106/4	OPH	显示操作履历	0	0
3106/5	SOV	显示主轴倍率值(与♯3105/2 冲突)	0	0
3106/7	OHS	操作履历采样	0	0
3107/4	SOR	程序目录按程序号显示	0	0
3107/5	DMN	显示 G 代码显示	0	0
3109/1	DWT	几何/磨损补偿显示 G/W	0	0
3111/0	SVS	显示伺服设定画面	0	0
3111/1	SPS	显示主轴调整画面	0	0
3111/5	OPM	显示操作监控画面	0	0
3111/6	OPS	操作监控画面显示主轴和电动机的速度	0	0
3111/7	NPA	报警时转刀报警画面	0	0
3112/0	SGD	波形诊断显示生效(程序图样显示无效)	0	0
3112/5	OPH	操作履历记录生效	0	0
3122		操作履历画面上的时间间隔	0	0
3203/7	MCL	MDI 方式编辑的程序是否能保留	0	0
3290/0	WOF	用 MDI 键输入刀偏量(磨损)	0	0
3290/1	GOF	用 MDI 键输入刀偏量(形状)	0	0
3290/2	MCV	用 MDI 键输入宏程序变量	0	0
3290/3	WZO	用 MDI 键输入工件零点偏移量	0	0
3290/4	IWZ	用 MDI 键输入工件零点偏移量(自动方式)	0	
3290/4	MCM	用 MDI 键输入宏程序变量(MDI 方式)	0	0
3290/7	KEY	程序和数据的保护键	0	0
3291/0	WPT	磨损量的输入用 KEY1	0	0

表 A-9　编程参数

参数号	符　号	意　　义	T 系列	M 系列
3202/0	NE8	08000～8999 程序的保护	0	0
3202/4	NE9	09000～9999 程序的保护	0	0
3401/0	DPI	小数点的含义	0	0
3401/4	MAB	MDI 方式 G90/G91 的切换		0
3401/5	ABS	MDI 方式用改参数切换 C90/G91		0

表 A-10　螺距误差补偿

参数号	符　号	意　　义	T 系列	M 系列
3620		各轴参考点的补偿号	0	0
3621		负方向的最小补偿点号	0	0
3622		正方向的最大补偿点号	0	0
3623		螺补量比率	0	0
3624		螺补间隔	0	0

表 A-11　刀具补偿

参数号	符　号	意　　义	T 系列	M 系列
3190/1	DWT	G,W 分开	0	0
3290/0	WOF	MDI 设磨损值	0	0
3290/1	GOF	MDI 设几何值	0	0
5001/0	TCL	刀长补偿 A,B,C		0
5001/1	TLB	刀长补偿轴		0
5001/2	OFH	补偿号地址 D,H		0
5001/5	TPH	G45～G48 的补偿号地址 D,H		0
5002/0	LDI	刀补值为刀号的哪位数	0	
5002/1	LGN	几何补偿的补偿号 9 用刀号/磨损号	0	
5002/5	LGC	几何补偿的删除(H0)	0	
5002/7	WNP	刀尖半径补偿号的指定	0	
5003/6	LVC/LVK	复位时删除刀偏量	0	0
5003/7	TGC	复位时删除几何补偿量(#5003/6=1)	0	
5004/1	ORC	刀偏值半径/直径指定	0	
5005/2	PRC	直接输入刀补值用 PRC 信号	0	

数控机床维修技能实训

（续表）

参数号	符 号	意 义	T 系列	M 系列
5006/0	OIM	公/英制单位转换时自动转换刀补值	0	0
5013		最大的磨损补偿值	0	
5014		最大的磨损补偿增量值	0	

表 A－12　主轴参数

参数号	符 号	意 义	T 系列	M 系列
3701/1	ISI	使用串行主轴/模拟量主轴控制的选择	0	0
3701/4	SS2	是否使用第二串行主轴的选择	0	0
3705/0	ESF	S 和 SF 的输出	0	0
3705/1	CST	SOR 信号用于换挡/定向		0
3705/2	SGB	换挡方法 A，B		0
3705/4	EVS	S 和 SF 的输出	0	
3706/4	GTT	主轴速度挡数（T/M 型）		0
3706/6,7	GWM/TCW	M03/M04 的极性	0	0
3708/0	SAR	检查主轴速度到达信号	0	0
3708/1	SAT	螺纹切削开始检查 SAR	0	
3730		主轴模拟输出的增益调整	0	0
3731		主轴模拟输出时电压偏移的补偿	0	0
3732		定向/换挡的主轴速度	0	0
3735		主轴电动机的允许最低速度		0
3736		轴电动机的允许最低速度		0
3740		检查 SAR 的延时时间	0	0
3741		第一挡主轴最高速度	0	0
3742		第二挡主轴最高速度	0	0
3743		第三挡主轴最高速度	0	0
3744		第四挡主轴最高速度	0	
3751		第一至第二挡的切换速度		0
3752		第二至第三挡的切换速度		0
3771		G96 的最低主轴速度	0	0
3772		最高主轴速度	0	0
4019/7		主轴电动机初始化	0	0
4133		主轴电动机代码	0	0

附录 B　华中 HNC—21 型数控系统常用参数

表 B-1　系统参数

参数名	值	说　　明
插补周期	8	插补器的插补周期,单位为 ms
刀具寿命管理	0	0:刀具寿命管理禁止;1:启用刀具管理
移动轴脉冲当量分母	1	用以确定移动轴内部脉冲当量,即内部运算的最小单位为 $1\mu m$/此值指在参数里输入的值
旋转轴脉冲当量分母	1	用以确定旋转轴内部脉冲当量,即内部运算的最小单位为 $1°/(1000×$此值)
数控系统的型号	HNC—21TF	本系统软件所支持的硬件类型
数控系统的类型	1	系统软件的类型(1:铣床;2:车床;3:车铣复合)
最多允许的通道数	1	本系统软件所支持的最多通道数
最多允许的轴数	4	本系统软件所支持的最多轴数
最多允许的联动轴数	3	本系统软件所支持的最多联动轴数
极坐标编程	0	本系统软件是否开通极坐标功能(1:开通;0:未开通)
圆柱插补	0	本系统软件是否开通圆柱插补功能(1:开通;0:未开通)
旋转变换	0	本系统软件是否开通旋转变换功能(1:开通;0:未开通)
缩放	0	本系统软件是否开通缩放功能(1:开通;0:未开通)
镜像	0	本系统软件是否开通镜像功能(1:开通;0:未开通)
软驱组件	1	本系统软件是否开通软驱组件功能(1:开通;0:未开通)

表 B-2　通道参数

参数名	值	说　　明
通道名称	cpp	通道名称,字母或数字的组合,最多 8 位字符,用于区别不同的通道
通道使能	1	0:无效;非 0:有效
X 轴轴号	0	分配到本通道的逻辑轴 X 的实际轴轴号,0～15:有效,—1:无效
Y 轴轴号	1	分配到本通道的逻辑轴 Y 的实际轴轴号,0～15:有效,—1:无效

（续表）

参数名	值	说　明
Z 轴轴号	2	分配到本通道的逻辑轴 Z 的实际轴轴号，0～15：有效，－1：无效
A 轴轴号	3	分配到本通道的逻辑轴 A 的实际轴轴号，0～15：有效，－1：无效
B 轴轴号	－1	分配到本通道的逻辑轴 B 的实际轴轴号，0～15：有效，－1：无效
C 轴轴号	－1	分配到本通道的逻辑轴 C 的实际轴轴号，0～15：有效，－1：无效
U 轴轴号	－1	分配到本通道的逻辑轴 U 的实际轴轴号，0～15：有效，－1：无效
V 轴轴号	－1	分配到本通道的逻辑轴 V 的实际轴轴号，0～15：有效，－1：无效
W 轴轴号	－1	分配到本通道的逻辑轴 W 的实际轴轴号，0～15：有效，－1：无效
主轴编码器部件号	－1 或 23	指定主轴编码器，以使在硬件配置参数中找到相应编号的硬件设备，23：有效，－1：无效
主轴编码器每转脉冲数	0	主轴每旋转一周，编码器反馈到数控装置的脉冲数（根据实际设定）
移动轴拐角误差	20	移动轴在进行插补运动时相邻两线段进行轨迹补偿的最大限制夹角
旋转轴拐角误差	20	旋转轴在进行插补运动时相邻两线段进行轨迹补偿的最大限制夹角
通道内部参数	0	禁止更改

表 B-3　轴参数

参数名	出厂设定值		说　明
轴　名	轴 0	X	轴 0 的逻辑轴名，与通道参数中轴号设为 0 的逻辑轴轴名相同，一般直线轴用 X、Y、Z、U、V、W 等命名，旋转轴用 A、B、C 等命名
	轴 1	Y	
	轴 2	Z	
	轴 3	A	
所属通道号	0		0～3 通道供选择，该实际轴（轴 0）在通道参数中，指定的所属的通道号为：0～3

（续表）

参数名	出厂设定值	说　明
轴类型	0	0：未安装；1：移动轴；2：旋转轴，坐标值不受角度限制，既可以大于360°也可以小于0；3：坐标范围只能在0°～360°
外部脉冲当量分子	1	两者的商为坐标轴的实际脉冲当量，即电子齿轮比。分子单位为μm，分母无单位
外部脉冲当量分母	1	
正软极限位置	2000000	软件规定的正方向极限软件保护位置，只有在机床回参考点后，此参数才有效（单位：内部脉冲当量即μm）
负软极限位置	−2000000	软件规定的负方向极限软件保护位置，只有在机床回参考点后，此参数才有效（单位：内部脉冲当量即μm）
回参考点方式	2	0：无 1：单向回参考点方式 2：双向回参考点方式 3：Z脉冲方式
回参考点方向	＋或−	发出回参考点指令后，坐标轴寻找参考点的初始移动方向。若发出回参考点指令时，坐标轴已经压下了参考点开关，则初始移动方向与回参考点方式有关
参考点位置	0	设置参考点在机床坐标系中的坐标位置，一般将机床坐标系的零点定为参考点位置，因此通常将其设置为0
参考点开关偏差	0	回参考点时，坐标轴找到Z脉冲后，并不作为参考点，而是继续走过一个参考点开关偏差值，才将其坐标设置为参考点
回参考点快移速度	500	回参考点时，在压下参考点开关前的快速移动速度。注意：该值必须小于最高快速速度。若回参考点速度设置得太快，应注意参考点开关与临近的限位开关（一般为正限位开关）的距离不宜太小，以避免因回参考点速度太快而来不及减速，压下了限位开关，造成急停。参考点开关的有效行程不宜太短，以避免机床来不及减速，就已越过了参考点开关，而造成回参考点失败
回参考点定位速度	200	回参考点时，在压下参考点开关后，降低定位移动的速度，单位为mm/min或°/min。注意：该参数必须小于回参考点快移速度
单向定位偏移量	1000	工作台G50单向定位时，在接近定位点从快移速度转换为定位速度中，减速点与定位点之间的偏差（即减速移动的位移值）。单向定位偏移值＞0为正向定位；单向定位偏移值＜0为负向定位（单位：内部脉冲当量即μm）
最高快移速度	1000	当快移惨修调为最大时，G00快移定位（不加工）的最高速度。注意：最高快移速度必须是该轴所有速度设定参数里设定值最大的。最高快移速度与外部脉冲当量分子和分母的比值密切相关。一定要合理设置此参数，以免超出电动机的转速范围

（续表）

参数名	出厂设定值	说　明
最高加工速度	500	在一定精度条件下,数控系统执行加工指令(G01、G02等),所允许的最高加工速度。注意:此参数与加工要求、机械传动情况及负载情况有关,最高加工速度必须小于最高快移速度
快移加减速时间常数	100	G00快移定位(不加工)时,从0加速到1m/min或从1m/min减速到0的时间称为快移加减速时间常数。时间常数越大,加减速越慢。注意:根据电动机转动惯量、负载转动惯量和驱动器加速能力确定,一般在32~250之间选。交流伺服驱动设为32、64,步进驱动设为100,14N·m电动机带负载设为64
快移加减速捷度时间常数	60	在快移过程中加速度的变化速率,一般设置为32、64、100等。时间常数越大,加速度变化越平缓。注意:根据电动机转动惯量、负载转动惯量、驱动器加速能力确定,一般交流伺服驱动设为32、64,步进驱动设为100,14N·m电动机设为60
加工加减速时间常数	150	加工过程(G01、G02…)中,从0加速到1m/min或从1m/min减速到0的时间,即加减速时,速度的时间常数。时间常数越大,速度变化越平缓。注意:在32~250之间选。一般交流伺服驱动设为32、64,步进驱动设为100,14N·m电动机带负载时,设为64
加工加减速捷度时间常数	100	在加工过程中加速度的变化速率,一般设置为32、64、100等。时间常数越大,加速度变化越平缓。注意:根据电动机转动惯量、负载转动惯量和驱动器加速能力确定,一般在20~150之间选,14N·m电动机带负载时,一般设为60左右
定位允差	20	坐标轴定位时,所允许的最大偏差。注意:根据机床定位精度及脉冲当量确定。若该参数太小,系统容易因达不到定位允差而停机;若该参数太大,则会影响加工精度。一般来说,可选择机床定位精度的一半,并大于该轴脉冲当量。若采用步进电动机,则建议该值设为电动机每步对应的内部脉冲当量的整数倍。若该参数值小于该轴反向间隙,则该轴在反向时,会因在消除反向间隙时要达到定位允差范围而出现停顿
伺服驱动	串行接口式 49 步进式 46 脉冲接口式 45 模拟接口式 41或42	系统据此参数,确定伺服驱动装置的类型及驱动程序,在硬件配置参数中,部件标识的设置量应与此参数相对
伺服驱动器部件号	0 1 2 3	根据此部件号,系统在硬件配置参数中确定该轴指向的部件,并由所指向的部件,对应到具体的外部接口和接口板卡驱动程序

参数名	出厂设定值	说　明
位置环开环增益	3000	根据机械惯性、所需伺服系统的刚性选择,该值越大增益越高,刚性越高,相同速度下位置动态误差越小。但该值太大易造成位置超调,甚至不稳定。该值在 1～10000(单位:0.01/s)范围内选择
位置环前馈系数	0	用于设置伺服位置环前馈系数,增强增益即响应速度,设置不合理易导致振荡、超调,建议设为 0,此参数对脉冲接口式驱动、单元无效
速度环比例系数	2000	用于设定速度环调节器的比例增益,设定值越大,增益越高,刚性越大,但太大会造成振荡甚至不稳定。一般情况下,可选择 3000～7000,原则是负载惯量越大,设定值越大
速度环积分时间常数	100	用于设定速度环调节器的积分时间常数,该值越小积分速度越快,刚性越大,但太小易造成振荡不稳定。该值越大积分速度越慢,跟踪稳定性越好,但过大会导致跟踪误差超差。一般是速度环比例系数的1/20,或更小

上述四参数,一般在保持速度环比例系数为标准值的基础上,调试位置环开环增益。调好后,保持位置环开环增益不变,再调速度环比例系数的值。注意:上述四参数只有在使用 HSV－11 型伺服驱动装置时才有效

最大转矩值	150	用于设置伺服驱动装置的最大转矩值(瞬时运行)。根据伺服驱动装置型号和所带电动机的型号正确设置。当设为 255 时,电动机的最大电流为伺服单元额定电流的 100%。设置错误会损坏电动机
额定转矩值	100	用于设置伺服驱动装置的最大额定转矩值(连续运行)。根据伺服驱动装置型号和所带电动机的型号正确设置。当设为 255 时,电动机的额定电流为伺服单元额定电流的 100%。一般应小于最大转矩值的 70%,设置错误会损坏电动机

注意:上述两参数只有在使用 HSV－11 型伺服驱动装置时才有效

最大跟踪误差	12000		用于"跟踪误差过大"报警,设置为 0 时无"跟踪误差过大报警"功能,使用时应根据最高速度和伺服环路滞后性能合理选取
电动机每转脉冲数	2500		所使用的电动机旋转一周,数控装置所接收到的脉冲数。即由伺服驱动装置或伺服电动机反馈到数控装置的脉冲数,一般为伺服电动机位置编码器的实际脉冲数
伺服内部参数[0]	串行式	STZ 电动机　2	电动机磁极对数
		1FT6 电动机　3	电动机磁极对数
	步进电动机		步进电动机拍数
	脉冲式	0	电动机磁极对数
	模拟式		电动机最高转速时对应的 D/A 值

（续表）

参数名	出厂设定值		说　明
伺服内部参数[1]	串行式	0	未使用
	步进电动机	0	未使用
	脉冲式	0	反馈电子齿轮分子
	模拟式	0	电动机零速时对应的 D/A 值
伺服内部参数[2]	串行式	1 或 5	反馈信息
	步进电动机	0	未使用
	脉冲式	0	反馈电子齿轮分母
	模拟式	0	所允许的电动机最高转速
伺服内部参数[3]	串行式	0	未使用
	步进电动机	0	未使用
	脉冲式	0	未使用
	模拟式	0	位置环延时时间常数
伺服内部参数[4]	串行式	0	未使用
	步进电动机	0	未使用
	脉冲式	0	未使用
	模拟式	0	位置环零漂补偿时间,单位为 ms
伺服内部参数[4]			未使用

表 B-4　轴补偿参数

参数名	参数值	说　明	备注
反向间隙	0	一般设置为机床常用工作区的测量值。如果采用双向螺距补偿,则此值可以设为 0	若为双向螺补,应先输入正向螺距偏差数据,再紧随其后输入负向螺距偏差数据
螺补类型	0、1、2、3、4	0:无;1:单向;2:双向;3:单向扩展;4:双向扩展	
补偿点数	0～5000	螺距误差补偿的补偿点数。单向补偿时,最多可补 128 点;双向补偿时,最多可补 64 点;扩展方式下,所有轴总点数可达 5000 点	
参考点偏差号	0～5000	参考点在偏差表中的位置。排列原则:按照各补偿点在坐标轴的位置从负向往正向排列,由 0 开始编号	
补偿间隔	0～4294 967295	单位:内部脉冲当量 指两个相邻补偿点之间的距离	
偏差值	−32768 ＋32767	单位:内部脉冲当量。偏差值＝指令机床坐标值－实际机床坐标值 坐标轴位移的实际值与指令值之间的偏差,为了使坐标轴到达准确位置,所需多走或少走的值	

表 B-5　进给轴硬件配置参数

部件号	部件说明	伺服类型		标识	配置[0]
部件 0 部件 1 部件 2 部件 3	部件 0～3 为进给轴的部件号 　各轴接口形式可在串口、步进、脉冲、模拟四种形式中选 　配置[0]值中 A 为所设轴的轴号	串行伺服接口	XS40	49	0
			XS41		1
			XS42		2
			XS43		3
		其他进给驱动接口 XS30～XS33	步进驱动	46	A+0(缺省):单脉冲输出
					A+32:双脉冲输出
					A+48:AB 相输出
			脉冲接口伺服	45	A+0(缺省):单脉冲输出、AB 相反馈
					A+64:单脉冲输出、单脉冲反馈
					A+160:双脉冲输出、双脉冲反馈
					A+48:AB 相输出、AB 相反馈
			模拟接口伺服	41 或 42	A+0(缺省):AB 相反馈
					A+64:单脉冲反馈
					A+28:双脉冲反馈

表 B-6　输入/输出模块硬件配置参数

部件号	部件说明	组数	备　注	标识	配置[0]
部件 20	编程键盘与机床操作面板输入开关量	16	输入模块 1 部件	13	0
	编程键盘与机床操作面板输出开关量	8	输出模块 2 部件	13	1
部件 21	外部输入开关量(XS10～11 接口)	30	输入模块 0 部件	15	4
	外部输出开关量(XS20～21 接口)	28	输出模块 0 部件	32	4
部件 22	主轴模拟电压输出接口(XS9)	2	输出模块 1 部件	31	5
部件 23	主轴编码器反馈接口(XS9)				
部件 24	手摇脉冲发生器接口(XS8)				

表 B-7　PMC 系统参数

参数名	参数值	说　明
开关量输入总组数	46	开关量输入总字节数。 　第 0～4 字节所代表的 40 位为数控装置自带的基本外部开关量输入;第 5～29 字节,为预留扩展的开关量输入;第 30～45 字节,为编程键盘和机床操作面板上各按键的开关量输入

(续表)

参数名	参数值	说　明
开关量输出总组数	38	开关量输出总字节数。 第 0~3 字节代表的 32 位为数控装置自带的基本外部开关量输出; 第 4~27 字节,为预留扩展的开关量输出;第 28、29 字节所代表 16 位, 为主轴 D/A 的数字量输出;第 30~37 字节为编程键盘和机床操作面 板上各按键指示灯等的开关量输出
输入模块 0 部件号	21	外部输入开关量。 第 0~4 字节共 5 组为数控装置自带的基本外部输入开关量(XS10、 XS11 接口);
组数	30	第 5~29 共 16 组为预留扩展的外部输入开关量(远程端子板 XS6 接口)
输入模块 1 部件号	20	第 30~45 字节共 16 组,为编程键盘与工程面板(指机床操作面板或 其他设备面板)按钮输入开关量
组数	16	
输入模块 N 部件号	−1	N=2~7,未使用
组数	0	
输出模块 0 部件号	21	外部输出开关量(其中 XS20、XS21 接口有 4 组,为 XS6 远程预留 24 组)Y0~Y27 共 28 组
组数	28	
输出模块 1 部件号	22	主轴 D/A 对应数字量输出 Y28~Y29 共 2 组
组数	2	
输出模块 2 部件号	20	编程键盘与工程面板(指机床操作面板或其他设备面板)按键指示 灯输出开关量,Y30~Y37 共 8 组
组数	8	
输出模块 N 部件号	−1	N=3~7,未使用
组数	0	
手持单元 0 部件号	24	

表 B-8　DNC 参数

参数名	参数值	说　明
选择串口号	1 或 2	DNC 通信时所用的串口号
数据传输波特率	300~38400	DNC 通信时的波特率,应该与 PC 计算机上的设置相同
收发数据位长度	5,6,7,8	DNC 通信时的数据位长度
数据传输停止位	1,2	DNC 通信时的停止位
奇偶校验位	1,2,3	DNC 通信时是否需要校验,1:无校验;2:奇校验;3:偶校验

参考文献

[1] 邵泽强．机床数控系统技能实训[M]．北京：北京理工大学出版社，2006．

[2] 陈吉红．数控机床实验指南．广州：华中科技大学出版社，2003．

[3] 杨克冲．数控机床电气控制．广州：华中科技大学出版社，2005．

[4] 宗国成．数控机床维护与常见故障分析[M]．北京：机械工业出版社，2012．

[5] 刘永久．数控机床故障诊断与维修技术[M]．北京：机械工业出版社，2009．

[6] 郑晓峰．数控机床及其使用和维修[M]．北京：机械工业出版社，2009．

[7] 陈子银．数控机床结构、原理与应用[M]．北京：北京理工大学出版社，2009．

[8] 林岩．数控车床电气维修技术[M]．北京：化学工业出版社，2007．

[9] 龚仲华．数控机床维修技术典型实例——SIEMENS 810/820 系统[M]．北京：人民邮电出版社，2006．